城镇供水行业职业技能培训教材

供水客户服务员

浙江省城市水业协会
浙江省产品与工程标准化协会 组织编写

中国建筑工业出版社

图书在版编目（CIP）数据

供水客户服务员/浙江省城市水业协会，浙江省产品
与工程标准化协会组织编写. —北京：中国建筑工业
出版社，2020.2
城镇供水行业职业技能培训教材
ISBN 978-7-112-24584-0

Ⅰ. ①供…　Ⅱ. ①浙…②浙…　Ⅲ. ①城市供水-
供水管理-技术培训-教材　Ⅳ.①TU991

中国版本图书馆 CIP 数据核字（2020）第 012018 号

　　本书是根据《城镇供水行业职业技能标准》CJJ/T 225—2016，结合供水行业
的特点，坚持理论联系实际的原则，由专业人员集体编写而成。

　　全书共分十章，从供水服务工作的实际需求出发，系统地介绍了客户服务、
法律法规、给水工程基础知识、计算机基础知识、抄表收费、用水业务、用户
"信访"管理、服务礼仪及沟通技巧、信息公开和舆情处置等方面的知识。本书对
供水服务工作的基本理论、用水业务、用户"信访管理"、服务礼仪及沟通技巧、
舆情处置等做了深入详尽的描述，对供水营销工作具有实际指导意义。

　　本书可作为浙江省供水行业职工的岗前培训、职业技能素质提高培训，同时
也可作为职业技能鉴定的参考资料。

责任编辑：杜　川
责任校对：张惠雯

城镇供水行业职业技能培训教材
供水客户服务员
浙 江 省 城 市 水 业 协 会
浙江省产品与工程标准化协会　组织编写
*
中国建筑工业出版社出版、发行（北京海淀三里河路 9 号）
各地新华书店、建筑书店经销
霸州市顺浩图文科技发展有限公司制版
北京市密东印刷有限公司印刷
*
开本：787×1092 毫米　1/16　印张：12　字数：303 千字
2020 年 6 月第一版　　2020 年 6 月第一次印刷
定价：**49.00** 元
ISBN 978-7-112-24584-0
（35295）

序

为贯彻落实《中共中央　国务院关于印发〈新时期产业工人队伍建设改革方案〉的通知》和中央城市工作会议精神,健全住房城乡建设行业职业技能培训体系,全面提高住房城乡建设行业一线从业人员的素质和技能水平,根据《住房城乡建设部办公厅关于印发住房城乡建设行业职业工种目录的通知》(建办人〔2017〕76 号)和《城镇供水行业职业技能标准》CJJ/T 225—2016 要求,结合供水行业的特点,浙江省城市水业协会和浙江省产品与工程标准化协会组织编写了《城镇供水行业职业技能培训教材》。

本套教材共 9 册,分别为《水质检验工》《供水管道工》《供水泵站运行工》《供水营销员》《供水稽查员》《供水客户服务员》《供水调度工》《自来水生产工》《机电设备维修工》。

本套教材结合供水行业的特点,理论联系实际,系统阐述了城镇供水行业从业人员应掌握的安全生产知识、理论知识和操作技能等内容。内容简明扼要,定义明确,逻辑清晰,图文并举,文字通俗易懂。对提升城镇供水行业从业人员职业技能素质具有重要意义。

本套教材编写过程中参考了有关作者的著作,在此表示深深的谢意。

本套教材内容的缺点和不足之处在所难免,希望读者批评、指正。

浙江省城市水业协会

浙江省产品与工程标准化协会

前　　言

本册教材是根据《城镇供水行业职业技能标准》CJJ/T 225—2016 编写。

本册教材共分 10 章，包括客户服务、法律法规、给水工程基础知识、计算机基础知识、抄表收费、用水业务、用户"信访"管理、服务礼仪及沟通技巧、信息公开、舆情处置等方面的内容。

本册教材由宁波市供排水集团有限公司柳成荫、卢汉清主编，卢汉清主审，其中第 1 章由柳成荫编写，第 2 章由陆智勇、张誉编写；第 3 章由刘志刚、唐建立编写；第 4 章由张誉、俞凡编写；第 5 章由何建荣、张磊编写；第 6 章由杨勇、赵哲颖编写；第 7 章由何建荣、毛珊静编写；第 8 章由冯坚、陈甬编写；第 9 章由柳成荫编写；第 10 章由魏光华编写。

本册教材内容的缺点和不足之处在所难免，希望读者批评、指正。

目　　录

第一章

客户服务

第一节 客户服务概述

客户服务是优秀企业尤其是优秀服务企业的重要构成部分。是由明确"客户服务理念"、相对固定的客户服务人员、规范的客户服务内容和流程、每一环节有相关服务品质标准要求；以客户为中心；以提升企业知名度、美誉度和客户忠诚度为目的的企业商业活动的一系列要素构成。

1. 客户服务概念

（1）基本概念

客户服务（Customer Service），主要体现了一种以客户满意为导向的价值观，它整合及管理在预先设定的最优成本——服务组合中的客户界面的所有要素。广义而言，任何能提高客户满意度的内容都属于客户服务的范围。

（2）供水企业客户服务

城镇供水单位提供生活饮用水以及与客户在新装服务、抄表收费、售后服务、投诉处理等过程中接触的活动。

2. 客户服务发展史

（1）国外发展史

客户服务在国外出现较早，但很难有一个确切的时间表。早期是一些更多地需要人性化服务的行业，如航空公司的机票预订中心、酒店旅馆的房间预订中心为用户提供服务。

世界上第一个具有一定规模的、可提供 7×24 客户服务的是由泛美航空公司在 1956年建成并投入使用的，其主要功能是可以让客户通过呼叫中心进行机票预定。随后AT&T 推出了第一个用于电话营销的呼出型（Outbound）呼叫中心，并在 1967 年正式开始运营 800 被叫付费业务。从此以后，利用电话进行客户服务、市场营销、技术支持和其他的特定商业活动的概念逐渐在全球范围内被接受和采用，直至形成今天的规模庞大的呼叫中心产业。

银行业也在 70 年代初开始建设自己的呼叫中心为用户提供服务。不过那时的呼叫中心还远远没有形成产业，企业都是各自为战，采用的技术、设备和服务标准均依据自身的情况而定。一直到 90 年代初，都只有很少的企业能够有财力在技术、设备上大规模投资，建设可以处理大话务量的呼叫中心。所以我们可以将 80 年代后期到 90 年代初作为一个分水岭，在这之前，是零散规模的应用，而从 90 年代初期开始，呼叫中心真正进入了规模化发展，尤其是 800 号码被广泛认同和采用，更促进了这一产业的繁荣发展。

此外，更为重要的是，呼叫中心在国外已经是一个产业，不仅有各种硬件设备提供商、软件开发商、系统集成商，还有众多的外包服务商、信息咨询服务商、专门的呼叫中心管理培训学院、每年举办大量的呼叫中心展会并有数不清的呼叫中心杂志、期刊、网站等等，从而形成一个庞大的、在整个社会服务体系中占有相当大比例的产业。

（2）国内发展史

相比国外，国内在通过呼叫中心为用户提供服务方面要落后大约十年左右，并且离形成一定规模的产业化还有一段距离。国内的发展轨迹与国外相似，如果在 30 多年前，甚至更早的时候，要找到呼叫中心的影子，那非 110 和 119 莫属。这两个家喻户晓的号码实际上是我们接触到的最早的呼叫中心。虽然那时根本就没有计算机，但也不能因为设备简陋就不把它称为呼叫中心，因为按照上面给出的呼叫中心定义，它们是完全符合的。

下面介绍一下我国呼叫中心发展历程。

1）第一代呼叫中心：基于交换机的人工热线电话系统

在呼叫中心发展的早期，只是单纯利用电话，向用户提供简单的咨询服务。采用普通电话机或小交换机（排队机），功能简单、自动化程度低，由专门的话务员或专家，凭借经验和记忆，为打入电话的顾客进行咨询服务。其技术水平还没有达到可以将用户有关的数据存入计算机的程度。且其信息容量有限，服务能力也无法提高。

第一代呼叫中心的特点是基本靠人工操作，对话务员专业技能要求相当高，而且劳动强度大、功能差、效率低。一般仅用于受理用户投诉、咨询。目前，没有正式设立呼叫中心的企事业单位一般采用这种方式。

2）第二代呼叫中心：交互式自动语音应答呼叫中心系统

随着技术的进步，转接呼叫和应答等需求的增多，为了高效率地处理客户提出的具有普遍性的问题，同时也为了节省人力资源，减少人工座席介入，大部分常见问题的应答交由机器即"自动话务员"应答和处理，即第二代呼叫中心交互式语音应答系统（IVR）。为了方便用户、向用户提供增值业务，数据库技术也被引入到了呼叫中心。电信运营商设立的"114"特服电话，就被认为是早期一个比较典型的呼叫中心。接着，大量声讯台、寻呼台普遍采用自动应答系统提供服务，这也被称为呼叫中心服务。现在电信运营商已建成多个呼叫中心，如 1000/1001 和 1860/1861 等，其方便快捷的服务，使呼叫中心的概念逐渐深入民心。

第二代呼叫中心广泛采用了计算机技术，如通过局域网技术实现数据库数据共享；将语音自动应答技术用于减轻话务员的劳动强度，减少出错率；采用自动呼叫分配器均衡座席话务量、降低呼损、提高客户的满意度等等。此呼叫中心需要采用专用的硬件平台与应用软件实现，难于满足客户个性化需求，灵活性差升级不方便、成本高。

3）第三代呼叫中心：交换机（PBX）＋人工座席＋自动语音应答＋CTI 技术

随着计算机电话集成技术（CTI）的发展，众多交换机（PBX）厂家开始支持

CTILink 接口，它是一个"开放标准化通信平台"，通过接收来自交换机的事件/状态消息和向交换机发送命令，实现计算机对电话、呼叫、分组、引导和中继线的全面控制。CTI 技术的应用，使呼叫中心发生了飞跃性的变革，我们称之为"第三代呼叫中心"。

第三代呼叫中心是目前的主流，它有机地将交换机（PBX）、语音自动应答（IVR）、计传真服务器（Fax Server）、全程录音设备（Call Logging）、客户关系管理（CRM）、数据库系统、呼叫报表管理系统、人工座席等业务集成一体，先进的"自动呼叫分配（ACD）"技术，可以让客户得到呼叫中心最合适的业务代表的服务；智能的遇忙排队，可以让客户及时得到等待信息（如：目前在队列中的位置、预计等待时间），并通知座席员客户排队状态；多样化的报表统计，能有效地实现对业务、设备、人员的全面管理，使呼叫中心随着运营的过程效益不断地提高，为客观考核客服中心服务质量以及数据挖掘提供依据。

呼叫中心平台必须提供 API 接口，所有的业务系统都建立在呼叫中心平台上。一般来说，平台与业务既是相对独立的（可以选用不同厂家的产品），同时也是相辅相成、密不可分的。平台技术成熟、运行稳定、设计合理，是业务成功实施的基础；业务系统能否与平台从技术上、设计理念上做到无缝连接，是整个客服中心成败的关键。通过平台与业务的有效整合，便可达到以信息技术为手段、有效提高企业收益、客户满意度、雇员生产力的目的。通过不断改善客户关系、互动方式、资源调配、业务流程和自动化程度等，可降低运营成本、提高企业销售收入、客户满意度和员工生产力。

4）第四代呼叫中心：交换机（PBX）＋人工座席＋自动语音应答＋CTI 技术＋ICC

随着互联网的发展与普及，与因特网应用相关的技术也得到快速发展，呼叫中心呈现出多媒体化、分布式的发展趋势。于是，支持多媒体接入的呼叫中心，也就是"第四代呼叫中心"应运而生。简单地说，第四代呼叫中心是在第三代呼叫中心基础上增加了互联网呼叫中心（ICC）功能，使 Call Center 真正从一个电话客户服务中心转变为一个客户服务中心（Customer Care Center），它为客户提供统一客户服务平台，允许客户选择电话、传真、短信、E-mail、VoIPWeb 站点等，任意一种方式都能令客户从客户服务中心得到满意的服务。

第四代呼叫中心很大程度上是为因特网用户服务的，一般提供以下几种服务：

a）WEB 呼叫（客户代表回复 WEB CallBack 请求）

客户可以要求呼叫中心的客户代表，立即或在约定时间，主动使用多媒体通信方式（包括电话呼叫，Email、SMS 等）回复客户。客户可以输入自己的联系方式（包括电话号码、移动电话号码、CHAT 代码或电子邮件地址等）以及希望对方回复的时间。到了指定时间，呼叫中心将这个 WEB 呼叫请求通过统一 ACD 分配发送到一个选定的呼叫中心座席上，由座席人员选择通信方式与客户联系，解答客户的问题。

b）网上文字交谈（CHAT）

客户可以选择与客服代表通过文字的形式进行交谈。对于未配备多媒体电脑的用户，或者客户只想同座席代表进行实时的文字交流，则无需语音通信，文字交谈是代替语音交谈的一种方法。文字交谈能使用户在一条电话线上和座席进行协助浏览，传送号码、名字等文本信息并及时传送文件。

如果业务需要，还可以提供网上视频功能：客户可以看到坐席的视频，坐席也可以看到客户的视频，当然，客户电脑上必须安装视频摄像头。

c）网页同步功能

网页同步（Web Collaboration）是指客户在通过"客服代表回复"、"互联网电话"、"文字交谈"等方式与客服代表进行实时交流时，还可以通过网页同步功能，与客户代表的浏览器进行同步。这样，客户与客户代表看到的是同一网页，由客户代表引导客户对网页进行浏览，找到他（她）所需要的信息。网页同步功能适用于不同的实时交流方式，可以大大提高客户服务的效率和质量。

该功能一般在实时通信（CHAT 或 WEB PHONE）交互的过程中使用。在提供该功能的呼叫中心的网页中嵌入一段程序用来记录所在网页的 URL。客户和 Agent 端之间可以进行 URL 的交互，实现网页同步浏览功能。

表单共享：与网页同步浏览功能类似，该功能一般在实时通信（Chat 或 WEB PHONE）交互的过程中使用。当客户在填写表单的过程中遇到困难时，客户可以发出请求，Agent 可以获得客户正在填写表单的网页。Agent 通过启用表单共享来获得客户已经完成的表单部分，并与客户建立表单共享连接。成功以后，Agent 就可以指导客户继续填写表单了。

d）VOIP（WEB PHONE）电话

客户可以选择使用 WEB PHONE（VOIP）功能，通过他（她）的计算机拨打互联网电话，连接呼叫中心。客户的互联网电话呼叫经过呼叫中心的智能路由选择后，将被转接到最适合的客服代表处。

VOIP 电话一般有两种实现方法：一是交换机（PBX）本身就支持 VoIP 功能，如：AVAYA、NORTEL、SIEMENS、ALCATEL、爱立信等，通过增加接口板即可实现；二是通过支持 VOIP 的语音卡及软件程序实现。

e）微信呼叫中心

微信客户服务平台，支持腾讯微信平台接口，实时获取微信信息，在微信接口中增加电脑小秘书自动回复等功能，快速实现与客户的信息交互。微信自动回复功能与后台知识库信息关联，提供海量数据，支持企业微信平台，可以对客户微信咨询的信息内容进行分类统计，支持自动发送企业信息到微信平台，增加新的接入渠道，文字、图片等大容量发送，提高企业知名度。企业可以利用微信进行企业宣传，也可以在企业内部协调办公使用。

微信呼叫中心系统不仅仅是多了一个渠道而已，它是一种未来的发展趋势，呼叫中心基于微信建立，会更加方便用户的使用，越来越多的人也会逐渐将全方位营销内容加入到自己的企业运营中。对企业来说，吸引他们的不仅是微信上几亿用户的流量，更是一种战略上的突破，微信图文并茂、短小精干、可圈可点的诸多优势，也是各大企业趋之若鹜的关键所在。

f）呼叫中心移动客户端 APP

移动客户端 CRM 应用，集成了呼叫中心丰富的应用，同时增加了呼叫中心的延伸服务，使呼叫中心的坐席部署更加广泛和灵活。坐席可以在任何地点通过智能手机客户端系统进行登录，加入到业务受理坐席队列中。当有呼入请求时，系统通过设定的话务分配策略将来电直接转接给远程登录手机客户端的坐席，手机客户端系统会通过来电弹屏显示来电客户的详细信息。移动客户端能够实现工单记录、工单转发、工单状态查询等。移动客户端的整个坐席服务过程，能够像中心节点固定坐席一样，实现统一集中管理、集中监控和统一服务，极大地提高了客户服务能力和效率，增强了用户体验。

5）未来发展趋势

未来的客户服务无论从战略还是运营角度来看，单纯的呼叫中心已经无法支撑和满足互联网及多媒体大数据时代下企业的发展，很多大型企业虽然目前都在经营着庞大的呼叫中心体系，但已经开始谋求转向多触点的联络中心。客户联络中心作为企业的客户服务中心、价值中心、利润中心，将会给客户服务带来深远的变革及影响。

在这个瞬息万"变"的时代，传统行业面临四面八方的冲击和洗礼是在所难免的，作为呼叫中心而言可以借力新技术的变革春风，顺势而为，为客户打造一致性与互联性更加完善的全渠道体验；除此之外也需固本寻新，打造更能适应未来客户需求的高价值人工服务，以最佳姿态拥抱移动互联网时代！

（3）客户服务类型

1）热线客户服务：通过接听热线电话为客户提供服务。

2）窗口客户服务：通过设置营业网点为客户提供服务。

3）现场客户服务：通过工作人员上门为客户提供服务。

4）网络客户服务：通过微信、微博、QQ、网站等为客户提供服务。

（4）新形势下供水行业的服务理念

1）强化人性化供水服务理念。坚持以人为本，以服务客户为导向，真心实意地为客户提供更加优质的服务，通过线上线下及延伸服务举措，向更深、更细的方向推进，真正做到从"供水源头"管到"家里龙头"。

2）强化信息化供水服务理念。建立客户信息数据库，主要包括营业收费系统、客户报装系统、热线呼叫中心系统，通过各类数据分析处理，数据挖掘、数据分享，不断完善客户信息，为更好地服务客户提供信息数据保障。

3）强化智能化供水服务理念。加强智能化系统的建设和应用，如供水调度系统、在线水质水压监测系统、GIS供水管网地理信息系统、智能化远传水表等，在客户信息数据库大数据的支持下，为客户提供优质、高效的智能服务。

第二节 客户服务质量及其评价

随着社会经济的不断发展，现代社会正逐渐步入以服务为导向的新世纪，一个企业的服务质量越来越引起人们的关注。这就需要通过一个合适的服务质量评价体系，去评价和分析企业服务质量的好坏，从而使企业更好地服务客户，创造出更大的效益。

1. 客户服务质量的概念

（1）基本概念

服务质量 Service Quality 是指服务能够满足规定和潜在需求的特征和特性的总和，是指服务工作能够满足被服务者需求的程度。是企业为使目标顾客满意而提供的最低服务水平，也是企业保持这一预定服务水平的连贯性程度。

（2）供水企业客户服务质量

供水企业客户服务质量就是要树立"以客户为中心"的服务理念，创新服务方式，提高供水服务的社会满意率，让群众喝上放心水、明白水、满意水，为城市建设、经济能更好更快发展保驾护航。

2. 客户服务质量的评价体系

由于服务产品具有无形性和差异性等特征，服务产品的质量很难像有形产品的质量那样进行科学的测定和评价。但可以通过 5 个指标进行评价，分别是有形性、可靠性、响应性、安全性和移情性。并通过客户测评，将企业客户服务质量分为优、良、一般、差四个等级，见表 1-1。

企业客户服务质量测评表

表 1-1

企业名称：　　　　　　　　　　　　　　　　　　测评日期：　年　月　日

序号		测评内容	标准分	测评分
1	有形性 （20分）	服务设施的现代化程度	3	
2		服务设施具有吸引力	3	
3		服务环境的舒适程度	4	
4		企业形象	4	
5		员工形象	4	
6		服务设施与所提供的服务相匹配程度	2	
7	可靠性 （30分）	企业向顾客承诺的履行情况	5	
8		顾客遇到困难时，能表现出关心并提供帮助	5	
9		企业是可靠的	5	
10		能准时地提供所承诺的服务	5	
11		服务信息的可靠性	5	
12		相关服务信息资料记录和保存的完整性	5	
13	响应性 （20分）	告诉顾客提供服务的准确时间	3	
14		沟通渠道的便利性	4	
15		客户得到所需服务的迅速性	4	
16		服务人员帮助客户的态度	5	
17		服务人员提供服务的及时性	4	
18	安全性 （15分）	服务人员值得客户信赖的程度	3	
19		服务过程中客户的放心程度	3	
20		服务人员的礼貌程度	4	
21		企业对服务人员提供服务的支持程度	3	
22		信息沟通渠道的畅通程度	2	
23	移情性 （15分）	提供服务的个性化程度	3	
24		服务人员给予客户个别关怀的程度	3	
25		服务人员了解客户需求的程度	3	
26		优先考虑客户利益的程度	3	
27		提供的服务时间符合所有客户需求的程度	3	
总评分			100	

通过客户对企业客户服务质量进行测评，根据分数评为四个等级：90 分及以上为优，75～89 分为良，60～74 分为一般，60 分以下为差。

（1）有形性

有形性是指服务可被感知的部分，如提供服务用的各种设施等。

1）服务设施的现代化程度；

2）服务设施具有吸引力；

3）服务环境的舒适程度；

4）企业形象；

5）员工形象；

6）服务设施与所提供的服务相匹配程度。

（2）可靠性

可靠性是指服务供应者应准确无误地完成所承诺的服务。

1）企业向顾客承诺的履行情况；

2）顾客遇到困难时，能表现出关心并提供帮助；

3）企业是可靠的；

4）能准时地提供所承诺的服务；

5）服务信息的可靠性；

6）相关服务信息资料记录和保存的完整性。

（3）响应性

响应性主要指反应能力，即服务人员应能随时准备为顾客提供快捷、有效的服务。

1）告诉顾客提供服务的准确时间；

2）沟通渠道的便利性；

3）客户得到所需服务的迅速性；

4）服务人员帮助客户的态度；

5）服务人员提供服务的及时性。

（4）安全性

安全性是指服务人员应具备良好的服务态度和胜任工作的能力，可增强客户对企业服务质量的信心和安全感。

1）服务人员值得客户信赖的程度；

2）服务过程中客户的放心程度；

3）服务人员的礼貌程度；

4）企业对服务人员提供服务的支持程度；

5）信息沟通渠道的畅通程度。

（5）移情性

移情性是指企业和客服人员应能设身处地为客户着想，努力满足客户的要求。

1）提供服务的个性化程度；

2）服务人员给予客户个别关怀的程度；

3）服务人员了解客户需求的程度；

4）优先考虑客户利益的程度；

5）提供的服务时间符合所有客户需求的程度。

在以上 5 个指标中，可靠性往往被客户认为是最重要的，是核心内容。

3. 客户满意度调查及投诉分析

（1）概念

客户满意度 CSR（Consumer Satisfactional Research），也叫客户满意指数。是对服务性行业的顾客满意度调查系统的简称，是一个相对的概念，是客户期望值与客户体验的匹配程度。换言之，就是客户通过对一种产品可感知的效果与其期望值相比较后得出的指数。

（2）级别划分

顾客满意级别指顾客在消费相应的产品或服务之后，所产生的满足状态等级。顾客满意度是一种心理状态，是一种自我体验。对这种心理状态也要进行界定，否则就无法对顾客满意度进行评价。

心理学家认为情感体验可以按梯级理论划分为若干层次，相应地也可以把顾客满意程度分成七个级度或五个级度。

七个级度为：很不满意、不满意、不太满意、一般、较满意、满意和很满意。

五个级度为：很不满意、不满意、一般、满意和很满意。

管理专家根据心理学的梯级理论对七梯级给出了如下参考指标：

① 很不满意

指征：愤慨、恼怒、投诉、反宣传。

分述：很不满意状态是指顾客在消费了某种商品或服务之后感到愤慨、难以容忍，不仅会找机会投诉，而且还会利用一切机会进行反宣传以发泄心中的不快。

② 不满意

指征：气愤、烦恼。

分述：不满意状态是指顾客在购买或消费某种商品或服务后所产生的气愤、烦恼状态。在这种状态下，顾客尚可勉强忍受，希望通过一定方式进行弥补，在适当的时候，也会进行反宣传，提醒自己的亲朋不要去购买同样的商品或服务。

③ 不太满意

指征：抱怨、遗憾。

分述：不太满意状态是指顾客在购买或消费某种商品或服务后所产生的抱怨、遗憾状态。在这种状态下，顾客虽心存不满，但不至于进行投诉或反宣传。

④ 一般

指征：无明显正、负情绪。

分述：一般状态是指顾客在消费某种商品或服务过程中所形成的没有明显情绪的状态。也就是对此既说不上好，也说不上差，还算过得去。

⑤ 较满意

指征：好感、肯定、赞许。

分述：较满意状态是指顾客在消费某种商品或服务时所形成的好感、肯定和赞许状态。在这种状态下，顾客内心还算满意，但按更高要求还差之甚远，而与一些更差的情况相比，又令人欣慰。

⑥ 满意

指征：称心、赞扬、愉快。

分述：满意状态是指顾客在消费了某种商品或服务时产生的称心、赞扬和愉快状态。在这种状态下，顾客不仅对自己的选择予以肯定，还会乐于向亲朋推荐，自己的期望与现实基本相符。

⑦ 很满意

指征：激动、满足、感谢。

分述：很满意状态是指顾客在消费某种商品或服务之后形成的激动、满足、感谢状态。在这种状态下，顾客的期望不仅完全达到，没有任何遗憾，而且可能还大大超出了自己的期望。这时顾客不仅为自己的选择而自豪，还会利用一切机会向亲朋宣传、介绍推荐，希望他人都来消费。

五个级度的参考指标与七个级度类同。顾客满意级度的界定是相对的，因为满意虽有层次之分，但毕竟界限模糊，从一个层次到另一个层次并没有明显的界限。之所以进行顾客满意级度的划分，目的是供企业进行顾客满意程度的评价之用。

（3）调查及分析

1）供水企业应对顾客满意度调查信息的收集进行策划，确定责任部门，对收集方式、频次、分析、对策及跟踪验证等作出规定。

2）供水企业应定期或不定期开展用户回访、第三方调查、服务集市或用户座谈等满意度调查方式的工作。

3）对于用户在接受满意度调查过程中收集的意见或建议，供水企业应记录在案，对合理的要求应加以落实。

4）对于满意度调查结果应进行统计分析，制订并实施改进措施，优先解决用户反映较为集中的问题。

调查样表见表 1-2～表 1-4。

营业窗口服务满意度调查表　　　　　　　　表 1-2

窗口名称：　　　　　　　　　　　　　　调查日期：　　年　　月　　日

项　　　　　目	满意	基本满意	一般	不满意
您对窗口的整体印象是否满意				
您对工作人员的服务态度是否满意				
您对工作人员的办事效率是否满意				
您对工作人员的咨询答复是否满意				
您对工作人员的上班纪律情况是否满意				
您对工作人员的业务知识是否满意				
您对工作人员应对突发事件的处理是否满意				
您对工作人员的工作积极性和主动性是否满意				
您对工作人员的形象是否满意				

您的意见和建议：

请在您认为合适的空格中打√，调查问卷采取不记名方式，并严格遵守保密原则。

水表安装满意度调查表　　　　　　　　表 1-3

单位（部门）：　　　　　　　　　　　　　　　　　　编号：

工程类型	□房产开发　□小用户安装 □临时用水　□水表增容 □户表安装　□水表移位	用户名称	
		工程地址	
申请日期		完工日期		回访日期	
被访人		联系电话			

回访记录	1. 对于服务的整体满意度： □满意　□基本满意　□不满意 2. 不满意原因(具体环节)： 3. 意见和建议：
处理结果	责任单位(部门)处理意见：

回访人：

上门服务满意度调查表　　　　　　　　表 1-4

单位（部门）：

被访人		联系电话	
服务地点		服务事由	
回访人		回访日期	

项　　目	满意	基本满意	一般	不满意
您对工作人员的服务态度是否满意				
您对工作人员的办事效率是否满意				
您对工作人员业务知识及技能是否满意				
工作人员是否在规定时间内上门处理				
工作人员是否按规定着装、持证上岗				
工作人员言行举止是否文明				
工作人员完工后是否及时清理现场				

客户的意见和建议：

第三节　客户服务在供水企业中的作用

1. 供水企业在国民经济中的地位

城市供水是城市发展的重要基础，也是人们日常生活中必不可少的基本物质条件。供水企业的主要任务就是为城市的生产和人们的生活提供及时、快速、优质的自来水，并努力提高供水能力和供水设施水平。面对人们日益增长的用水需求，做好客户管理、为客户提供最佳的服务体验、提高供水企业的综合竞争力，就成为了当前供水企业的工作重点之一。

2. 营业所在供水企业中的地位和职责

营业所是供水企业中产、供、销三要素中的"销"要素，营业所既是供水企业中完成销售收入的主要部门，又是企业与用户之间的主要桥梁和窗口。营业所销售收入的多少，将直接影响供水企业的发展与运行，而买卖是否公平，计量是否正确，服务是否优质又直接关系到供水企业的形象以及用户对企业甚至对政府的评价。随着国民经济的发展，改革的深入和市场经济的确立，营业所在供水企业中的地位和作用将变得越来越重要。

3. 客户服务员在营业所的地位和作用

（1）良好的客户服务可以让顾客更加深入地了解供水企业文化。企业对顾客提供上门维修、用水指导等服务，能让顾客通过一次次地接触更多的对企业的文化、企业的风格、企业的工作态度进行认知，激起顾客对企业的信赖和持续关注。

（2）良好的客户服务可以让供水企业更好地得到用户的反馈。服务人员通过自来水售后的服务，与客户之间进行广泛的沟通、交流，对客户的需求有了更直接的感观、信息，反馈到企业后，对企业在自来水的质量、费用控制、设备的养护方面又多了一条情报来源。

（3）良好的客户服务贯穿于供水企业的各个环节，可促进他们的相互支持和配合，使企业能够更好更快地发展，提升供水企业在社会上的良好品牌形象。

第四节　客户服务员的岗位及职责

要做一名合格的客服人员，应具备严谨的工作作风、热情的服务态度、熟练的业务知识、积极的学习态度，耐心地向客户解释，虚心地听取客户的意见等。

1. 客户服务员的基本要求

（1）熟知本岗位的业务知识和相关技能，岗位操作规范、熟练，具有合格的专业技术水平。

（2）服务人员应经培训后上岗，依法需持证上岗的应当持证上岗。

（3）工作期间精神饱满，注意力集中。服务态度热情，用语文明礼貌。

（4）真心实意为客户着想，尽量满足客户的合理要求。对客户的咨询、投诉等不推诿，不拒绝，不搪塞，及时、耐心、准确地给予解答。

（5）具有一定的应变能力，对突发事件能够有效地处理。

（6）严格遵守国家法律、法规，诚实守信、恪守承诺。爱岗敬业，乐于奉献，廉洁自律，秉公办事。

（7）遵守国家的保密原则，尊重客户的保密要求，不对外泄露客户的保密资料。

（8）工作时应穿着企业工作服，并佩戴或在服务台规定位置放置企业统一编号工作牌。

（9）具备情绪的自我管控和调节能力。

2. 客户服务员的岗位分类及职责

（1）热线服务人员职责

1）负责电话受理客户有关供水服务的咨询、报修、投诉和求助，对客户反映的问题按归口办理原则做好分类处理工作。

2）负责做好受理信息的记录、下发、跟踪、催办、督办及电话回访工作。

3）负责做好重大突发事件的逐级汇报工作。

4）凡涉及客户举报投诉、多次重复来电、回访客户不满意、新闻媒体反映的敏感问题等，及时报送相关职能部门督办；对涉及行风纪律的投诉举报内容，报送企业纪检部门督办。

5）负责做好热线服务动态及分析工作，定期形成书面分析报表和报告。

（2）窗口服务人员职责

1）落实首问责任制，热情接待用户咨询，做好业务咨询、办理、转办工作。

2）做好水费、水费违约金、工程款的收取工作。

3）做好新装用户、过户、销户、调价、用户人口核定等各类业务受理工作，并按规定转至相关部门办理。

4）做好单位用户水费托收、增值税业务办理工作，核对、发放增值税发票。

5）做好每日营业结账及每月底水费账款对账工作。

6）做好各种票据的使用和保管工作。

（3）现场服务人员的职责

1）负责辖区内无水、水小、水质等各类用水问题的检查和处理。

2）按规定做好淹、埋、关和故障水表的水量处理工作，及时做好整改和更换工作。

3）及时反映用户对供水服务方面的信息，耐心仔细解答相关问题。

4）为特殊群体免费提供户内供水设施简单维修等服务。

（4）网上服务人员职责

1）负责受理网上投诉、网上报装报修、网上咨询的转办和答复。

2）及时受理用户通过网上营业厅申请的各项供水业务。

3）及时发布各类计划性停水、抢修停水、降压供水等信息。

4）及时回应网民提出的各类用水问题。

5）及时妥善处理各类网络舆情，发现负面舆情及时上报，实时掌握舆情动态，正确引导社会舆论。

6）开展正面宣传，在网上发表健康、主流导向的评论与文章，宣传企业形象。

思 考 题

1. 客户服务的基本概念是什么？

2. 我国第四代呼叫中心一般提供几种服务？

3. 供水行业客户服务一般有哪几种类型？

4. 新形势下供水行业的服务理念是什么？

5. 客户服务质量概念是什么？

6. 什么叫客户满意度？

7. 客户服务质量的评价体系可以通过哪几个指标进行评价？

8. 客户服务质量的评价体系中哪个指标最重要？表现在哪几个方面？

9. 心理学家把顾客满意程度分成哪七个级度？

10. 客户服务员在营业所的地位和作用是什么？

11. 客户服务员的基本要求是什么？

12. 热线服务人员的职责是什么？

13. 窗口服务人员的职责是什么？

14. 现场服务人员的职责是什么？

15. 网上服务人员的职责是什么？

第二章

法律法规

第一节　合同法概述

1. 合同法相关知识

《中华人民共和国合同法》由中华人民共和国第九届全国人民代表大会第二次会议于1999年3月15日通过，于1999年10月1日起施行，共计二十三章四百二十八条。在我国，合同法是调整平等主体之间的交易关系的法律，它主要规定合同的订立、合同的效力及合同的履行、变更、解除、保全、违约责任等问题。

（1）订立原则

1）合同当事人的法律地位平等，一方不得将自己的意志强加给另一方。

2）当事人依法享有自愿订立合同的权利，任何单位和个人不得非法干预。

3）当事人应当遵循公平原则确定各方的权利和义务。

4）当事人行使权利、履行义务应当遵循诚实守信的原则。

5）当事人订立、履行合同，应当遵循法律、行政法规，尊重社会公德，不得干扰社会经济秩序，损害社会公共利益。

（2）合同的含义

双方或多方当事人（自然人或法人）关于建立、变更、消灭民事法律关系的协议。此类合同是产生债的一种最为普遍和重要的根据，故又称债权合同。《中华人民共和国合同法》所规定的经济合同，属于债权合同的范围。合同有时也泛指发生一定权利、义务的协议，又称契约。如买卖合同、师徒合同、劳动合同以及工厂与车间订立的承包合同等。

（3）合同的法律特征

1）合同是双方的法律行为。即需要两个或两个以上的当事人互为意思表示（意思表示：将能够发生民事法律效果的意思表现于外部的行为）。

2）双方当事人意思表示须达成协议，即意思表示要一致。

3）合同系以发生、变更、终止民事法律关系为目的。

4）合同是当事人在符合法律规范要求条件下而达成的协议，故应为合法行为。

合同一经成立即具有法律效力，在双方当事人之间就发生了权利、义务关系；或者使原有的民事法律关系发生变更或消灭。当事人一方或双方未按合同履行义务，就要依照合同或法律承担违约责任。

2. 供用合同

供用合同是指供应人与用户签订的，供应人向用户供应电力、自来水、燃气、热力等，用户支付相应价款的合同。供应人包括电力公司，自来水公司，燃气公司，热力公司等。用户的范围较广泛，既包括自然人，又包括企业法人、机关法人、社会经济组织及社会团体等。

供用合同的产生，是社会经济发展的必然产物，是国家对经济生活干预逐步强化的结果。国家对供用合同进行干预，制定了一系列法律，预先规定了合同的内容和方式，当事人的权利和义务等，使合同在更大的范围内趋于统一。合同法中供用合同的确定体现了合同的社会化发展趋势。

供用合同就其性质而言仍属于转移财产所有权的合同，仍为买卖合同的一种，是一种特殊的买卖合同。供用合同与买卖合同相比，有其特殊性，具体表现为：

1）合同主体的特殊性

合同法规定供用合同的供应人限于承担一定的以社会服务为目的的公益性法人单位，并且具有行业垄断性。电力公司、自来水公司、燃气公司、热力公司均承担着为人民服务的社会职能，并在一定范围内独家经营，处于垄断地位。

2）合同标的物的特殊性

电力、自来水、燃气及热力与人民生活密切相关，是人们工作和生活必不可少的物资保障。它们均属于特殊商品。以电力为例，电是一种看不见摸不着的商品，但它又是客观存在并能发挥一定效能的物质。电力不可储存，电力供用合同的履行具有产、供、销同时完成，持续供给的特点，不存在一般买卖合同中的退货问题。

3）合同内容的特殊性

电力、自来水、燃气及热力均是国家重要的物质资源，供用合同的签定及履行关系到国家资源的分配及利用，因此国家对供用合同实行一定的计划管理。供用合同内容受行政干预的因素较多，如标的物的价格、当事人的权利、义务、责任等，均应以国家颁布的法律、法规为依据，合同条款不得与其相抵触。国家还成立了专门的机构对供用合同进行监督与管理，以保证合同的履行及国家计划的执行，所以供用合同的内容体现了国家干预原则。

除具有买卖合同的一般特征外，主要具有以下特征：

4）合同格式的特殊性

这类合同一般采用定型化的合同，合同条款是由供方单位拟定的，用方只能决定是否同意订立合同，而一般不能决定合同的相关内容。尽管用方在标的物的用量、用时上可以提出自己的要求，但最终的决定权完全在供方。所以，这类合同属于格式合同。

5）合同履行的特殊性

由于电、水、气、热力的供应和使用具有连续性，因而合同的履行也具有连续性。在合同规定的期间内，正常情况下，供方须连续地供电、水、气、热力，用方须按期支付相应的价款。

3. 供用电合同

第一百七十六条 供用电合同是供电人向用电人供电，用电人支付电费的合同。

第一百七十七条 供用电合同的内容包括供电的方式、质量、时间，用电容量、地址、性质，计量方式，电价、电费的结算方式，供用电设施的维护责任等条款。

第一百七十八条 供用电合同的履行地点，按照当事人约定；当事人没有约定或者约定不明确的，供电设施的产权分界处为履行地点。

第一百七十九条 供电人应当按照国家规定的供电质量标准和约定安全供电。供电人未按照国家规定的供电质量标准和约定安全供电，造成用电人损失的，应当承担损害赔偿责任。

第一百八十条 供电人因供电设施计划检修、临时检修、依法限电或者用电人违法用电等原因，需要中断供电时，应当按照国家有关规定事先通知用电人。未事先通知用电人中断供电，造成用电人损失的，应当承担损害赔偿责任。

第一百八十一条 因自然灾害等原因断电，供电人应当按照国家有关规定及时抢修。未及时抢修，造成用电人损失的，应当承担损害赔偿责任。

第一百八十二条 用电人应当按照国家有关规定和当事人的约定及时交付电费。用电人逾期不交付电费的，应当按照约定支付违约金。经催告用电人在合理期限内仍不交付电费和违约金的，供电人可以按照国家规定的程序中止供电。

第一百八十三条 用电人应当按照国家有关规定和当事人的约定安全用电。用电人未按照国家有关规定和当事人的约定安全用电，造成供电人损失的，应当承担损害赔偿责任。

第一百八十四条 供用水、供用气、供用热力合同，参照供用电合同的有关规定。

4. 格式合同备案

根据《中华人民共和国合同法》和其他有关法律、行政法规的规定，合同采用格式条款的，经营者应当在开始使用该格式条款之前将合同样本上报核发其营业执照的工商行政管理部门备案。

《供用水合同》是转移标的物所有权的合同，是双方有偿合同，也是格式合同。这类合同必须严格遵守国家法律的强制性规定，否则会导致合同无效。格式合同的特点是一方预先拟定且不允许另一方对内容作出变更。因此，法律要求在尽可能公平的前提下，保护处于弱势一方的权益。

为了符合公平、公正、公开的原则，同时保护普通消费者的权益，各地供水企业应参照建设部和国家工商局联合制订的《城市供用水合同》（示范文本），结合各地的实际情况，制订出自己的《供用水合同》，主动将适用于居民用户（普通消费者）的《供用水合同》向相关部门进行备案，而用于非居民用户的《供用水合同》可以不备案。制订格式合同时，应注意条款含义的准确性，若出现对格式合同条款的理解发生争议，有两种以上解释时，司法部门依据法津作出不利于提供格式条款的一方（即供水企业）的解释。

城市供用水合同

（示范文本 GF-1999-0501）

合同编号：＿＿＿＿＿＿＿＿＿＿

签约地点：＿＿＿＿＿＿＿＿＿＿

签约时间：＿＿＿＿＿＿＿＿＿＿

供水人：＿＿＿＿＿＿＿＿＿＿

用水人：＿＿＿＿＿＿＿＿＿＿

为了明确供水人和用水人在水的供应和使用中的权利和义务，根据《中华人民共和国合同法》、《城市供水条例》等有关法律，法规，和规章经供用水双方协商，订立本合同，以便共同遵守。

第一条　用水地址，用水性质和用水量

（一）用水地址为＿＿＿＿＿＿＿＿＿＿。用水四至范围（即用水人用水区域四周边界），是＿＿＿＿＿＿＿＿（可制订详图作为附件）

（二）用水性质系＿＿＿＿＿＿＿用水，执行＿＿＿＿＿＿＿＿供水价格。

（三）用水量为＿＿＿＿＿＿＿立方米/日；＿＿＿＿＿＿＿立方米/月。

（四）计费总水表安装地点为：＿＿＿＿＿＿＿（可制订详图作为附件）。

（五）安装计费总水表共＿＿＿＿＿＿＿具，注册号为＿＿＿＿＿＿＿。

第二条　供水方式和质量

（一）在合同有效期内，供水人通过城市公共供水管网及附属设施向用水人提供不间断供水。

（二）用水人不能间断用水或者对水压，水质有特殊要求的，应当自行设置贮水、间接加压设施及水处理设备。

（三）供水人保证城市公共供水管网水质符合国家《生活饮用水卫生标准》。

（四）供水人保证在计费总水表处的水压大于等于＿＿＿＿兆帕；以户表方式计费的，保证进入建筑物前阀门处的水大于等于＿＿＿＿兆帕。

第三条　用水计量，水价及水费结算方式

（一）用水计量

1. 用水的计量器具为：＿＿＿＿＿＿＿计量表；＿＿＿＿＿＿＿IC卡计量表；或者＿＿＿＿＿＿＿。安装时应当登记注册。供、用水双方按照注册登记的计量的水量作为水费结算的依据。

结算用计量器须经当地技术监督部门检定、认定。

2. 用水人用水按照用水性质实行分类计量。不同用水性质的用水共用一具计费水表时，供水人按照最高类别水价计收水费或者按照比例划分不同用水性质用水量分类计收水费。

（二）供水价格：供水人依据用水人用水性质，按照＿＿＿＿＿＿＿政府

_____（部门）批准的供水分类价格收取水费。

在合同有效期内，遇水价调整时，按照调价文件规定执行。

（三）水费结算方式

1. 供水人按照规定周期抄验表并结算水费，用水人在 _____ 月 _____ 日前交清水费。

2. 水费结算采取_____方式。

第四条　供、用水设施产权分界与维护管理

（一）供、用水设施产权分界点是：供水人设计安装的计费总水表处。以户表计费的为进入建筑物前阀门处。

（二）产权分界点（含计费水表）水源侧的管道和附属设施由供水人负责维护管理。产权分界点另侧的管道及设施由用水人负责维护管理，或者有偿委托供水人维护管理。

第五条　供水人的权利和义务

（一）监督用水人按照合同约定的用水量、用水性质、用水四至范围用水。

（二）用水人逾期不缴纳水费，供水人有权从逾期之日起向用水人收取水费滞纳金。

（三）用水人搬迁或者其他原因不再使用计费水表和供水设施，又没有办理过户手续的，供水人有权拆除其计费水表和供水设施。

（四）因用水人表井占压、损坏及用水人责任等原因不能抄验水表时，供水人可根据用水人上_____个月最高月用水量估算本期水量水费。如用水人三个月不能解决妨碍抄验表问题，供水人不退还多估水费。

（五）供水人应当按照合同约定的水质不间断供水。除高峰季节因供水能力不足，经城市供水行政主管部门同意被迫降压外，供水人应当按照合同规定的压力供水。对有计划的检修，维修及新管并网作业施工造成的停水，应当提前24小时通知用水人。

（六）供水人设立专门服务电话，24小时受理用水人的报修。遇有供水管道及附属设施损坏的，供水人应当及时进入现场抢修。

（七）如供水人需要变更抄验水表和收费周期时，应当提前一个月通知用水人。

（八）对用水人提出的水表计量不准，供水人负责复核和校验。对水表因自然损坏造成的表停，表坏，供水人应当无偿更换，供水人可根据用水人上_____个月平均用水量估算本期水量水费。由于供水人抄错表，计费水表计量不准等原因多收的水费，应当予以退还。

第六条　用水人的权利和义务

（一）监督供水人按照合同约定的水压，水质向用水人供水。

（二）有权要求供水人按照国家的规定对计费水表进行周期检定。

（三）有权向供水人提出进行计费水表复核和校验。

（四）有权对供水人收缴的水费及确定的水价申请复核。

（五）应当按照合同约定按期向供水人交水费。

（六）保证计费水表，表井（箱）及附属设施完好，配合供水人抄验表或者协助做好水表等设施的更换，维修工作。

（七）除发生火灾等特殊原因，用水人不得擅自开封启动无表防险（用水人消火栓）。需要实验内部消防设施的，应当通知供水人派人启封。发生火灾时，用水人可以自行启动使用，灭火后应当及时通知供水人重新铅封。

（八）不得私自向其他用水人转供水；不得擅自向合同约定的四至外供水。

（九）由于用水人用水量增加，连续半年超过水表公称流量时，应当办理换表手续；由于用水人全月平均小时用水量低于水表最小流量时，供水人可将水表口径改小，用水人承担工料费；当用水人月用水量达不到底度流量时，按照底度流量收费。

第七条　违约责任

（一）供水人的违约责任

1. 供水人违反合同约定未向用水人供水的，应当支付用水人停水期间正常用水量水费百分之_____的违约金。

2. 由于供水人责任造成的停水、水压降低、水质量事故，给用水人造成损失的，供水人应当承担赔偿责任。

3. 由于不可抗力的原因或者政府行为造成停水、使用水人受到损失的，供水人不承担赔偿责任。

（二）用水人的违约责任

1. 用水人未按期交水费的，还应当支付滞纳金。超过规定交费日期一个月的，供水人按照国家规定一切有权中止供水。当用水人于半年之内交齐水费和滞纳金后，供水应当于 48 小时恢复供水。中止供水过半年，用水人要求复装的，应当交齐欠费和供水设施复装工料费后，另行办理新装手续。

2. 用水人私自改变用水性质、向其他用水人转供水，向合同的四至外供水，未到供水人处办理变更手续的，用水人除补交水价差价的水费外，还应多支付水费百分之_____的违约金。

3. 用水人终止用水，未到供水人处办理相关手续，给供水人造成损失的，由用水人承担赔偿责任。

第八条　合同有效期限

合同期限为_____年，从_____年_____月_____日起至_____年_____月_____日止。

第九条　合同的变更

当事人如需要修改合同条款或者合同未尽事宜，须经双方协商一致，签定补充协定，补充协定与本合同具有同等效力。

第十条　争议的解决方式

本合同在履行过程中发生争议时，由当事人双方协商解决，协商不成的，按下列第_____种方式解决：

（一）提交_____仲裁委员会仲裁；

（二）依法向人民法院起诉。

第十一条　其他约定_____

供水人：（盖章）_____　　用水人：（盖章）_____

住所：_____　　　　　　　住所：_____

法定代表人（签字）：_____　法定代表人（签字）：_____

委托代理人（签字）：_____　　委托代理人（签字）：_____
开户银行：_____　　　　　　　开户银行：_____
账号：_____　　　　　　　　　账号：_____
电话：_____　　　　　　　　　电话：_____

第二节 供节水条例

城市供水条例
（国务院令第 158 号）

第一章 总则

第一条 为了加强城市供水管理，发展城市供水事业，保障城市生活、生产用水和其他各项建设用水，制定本条例。

第二条 本条例所称城市供水，是指城市公共供水和自建设施供水。

本条例所称城市公共供水，是指城市自来水供水企业以公共供水管道及其附属设施向单位和居民的生活、生产和其他各项建设提供用水。

本条例所称自建设施供水，是指城市的用水单位以其自选建设的供水管道及其附属设施主要向本单位的生活、生产和其他各项建设提供用水。

第三条 从事城市供水工作和使用城市供水，必须遵守本条例。

第四条 城市供水工作实行开发水源和计划用水、节约用水相结合的原则。

第五条 县级以上人民政府应当将发展城市供水事业纳入国民经济和社会发展计划。

第六条 国家实行有利于城市供水事业发展的政策，鼓励城市供水科学技术研究，推广先进技术，提高城市供水的现代化水平。

第七条 国务院城市建设行政主管部门主管全国城市供水工作。

省、自治区人民政府城市建设行政主管部门主管本行政区域内的城市供水工作。

县级以上城市人民政府确定的城市供水行政主管部门（以下简称城市供水行政主管部门）主管本行政区域内的城市供水工作。

第八条 对在城市供水工作中作出显著成绩的单位和个人，给予奖励。

第二章 城市供水水源

第九条 县级以上城市人民政府应当组织城市规划行政主管部门、水行政主管部门、城市供水行政主管部门和地质矿产行政主管部门等共同编制城市供水水源开发利用规划，作为城市供水发展规划的组成部分，纳入城市总体规划。

第十条 编制城市供水水源开发利用规划，应当从城市发展的需要出发，并与水资源统筹规划和水长期供求计划相协调。

第十一条 编制城市供水水源开发利用规划，应当根据当地情况，合理安排利用地表水和地下水。

第十二条 编制城市供水水源开发利用规划，应当优先保证城市生活用水，统筹兼顾工业用水和其他各项建设用水。

第十三条 县级以上地方人民政府环境保护部门应当会同城市供水行政主管部门、水行政主管部门和卫生行政主管部门等共同划定饮用水水源保护区，经本级人民政府批准后公布；划定跨省、市、县的饮用水水源保护区，应当由有关人民政府共同商定并经其共同的上级人民政府批准后公布。

第十四条 在饮用水水源保护区内，禁止一切污染水质的活动。

第三章 城市供水工程建设

第十五条　城市供水工程的建设，应当按照城市供水发展规划及其年度建设计划进行。

第十六条　城市供水工程的设计、施工，应当委托持有相应资质证书的设计、施工单位承担，并遵守国家有关技术标准和规范。禁止无证或者超越资质证书规定的经营范围承担城市供水工程的设计、施工任务。

第十七条　城市供水工程竣工后，应当按照国家规定组织验收；未经验收或者验收不合格的，不得投入使用。

第十八条　城市新建、扩建、改建工程项目需要增加用水的，其工程项目总概算应当包括供水工程建设投资；需要增加城市公共供水量的，应当将其供水工程建设投资交付城市供水行政主管部门，由其统一组织城市公共供水工程建设。

第四章　城市供水经营

第十九条　城市自来水供水企业和自建设施对外供水的企业，必须经资质审查合格并经工商行政管理机关登记注册后，方可从事经营活动。资质审查办法由国务院城市建设行政主管部门规定。

第二十条　城市自来水供水企业和自建设施对外供水的企业，应当建立、健全水质检测制度，确保城市供水的水质符合国家规定的饮用水卫生标准。

第二十一条　城市自来水供水企业和自建设施对外供水的企业，应当按照国家有关规定设置管网测压点，做好水压监测工作，确保供水管网的压力符合国家规定的标准。

禁止在城市公共供水管道上直接装泵抽水。

第二十二条　城市自来水供水企业和自建设施对外供水的企业应当保持不间断供水。由于工程施工、设备维修等原因确需停止供水的，应当经城市供水行政主管部门批准并提前 24 小时通知用水单位和个人；因发生灾害或者紧急事故，不能提前通知的，应当在抢修的同时通知用水单位和个人，尽快恢复正常供水，并报告城市供水行政主管部门。

第二十三条　城市自来水供水企业和自建设施对外供水的企业应当实行职工持证上岗制度。具体办法由国务院城市建设行政主管部门会同人事部门等制定。

第二十四条　用水单位和个人应当按照规定的计量标准和水价标准按时缴纳水费。

第二十五条　禁止盗用或者转供城市公共供水。

第二十六条　城市供水价格应当按照生活用水保本微利、生产和经营用水合理计价的原则制定。

城市供水价格制定办法，由省、自治区、直辖市人民政府规定。

第五章　城市供水设施维护

第二十七条　城市自来水供水企业和自建设施供水的企业对其管理的城市供水的专用水库、引水渠道、取水口、泵站、井群、输（配）水管网、进户总水表、净（配）水厂、公用水站等设施，应当定期检查维修，确保安全运行。

第二十八条　用水单位自行建设的与城市公共供水管道连接的户外管道及其附属设施，必须经城市自来水供水企业验收合格并交其统一管理后，方可合作使用。

第二十九条　在规定的城市公共供水管理及其附属设施的地面和地下的安全保护范围内，禁止挖坑取土或者修建建筑物、构筑物等危害供水设施安全的活动。

第三十条　因工程建设确需改装、拆除或者迁移城市公共供水设施的，建设单位应当报经县级以上人民政府城市规划行政主管部门和城市供水行政主管部门批准，并采取相应的补救措施。

第三十一条 涉及城市公共供水设施的建设工程开工前，建设单位或者施工单位应当向城市自来水供水企业查明地下供水管网情况。施工影响城市公共供水设施安全的，建设单位或者施工单位应当与城市自来水供水企业商定相应的保护措施，由施工单位负责实施。

第三十二条 禁止擅自将自建的设施供水管网系统与城市公共供水管网系统连接；因特殊情况确需连接的，必须经城市自来水供水企业同意，报城市供水行政主管部门和卫生行政主管部门批准，并在管道连接处采取必要的防护措施。

禁止产生或者使用有毒有害物质的单位将其生产用水管网系统与城市公共供水管网系统直接连接。

第六章 罚则

第三十三条 城市自来水供水企业或者自建设施对外供水的企业有下列行为之一的，由城市供水行政主管部门责令改正，可以处以罚款；情节严重的，报经县级以上人民政府批准，可以责令停业整顿；对负有直接责任的主管人员和其他直接责任人员，其所在单位或者上级机关可以给予行政处分：

（一）供水水质、水压不符合国家规定标准的；

（二）擅自停止供水或者未履行停水通知义务的；

（三）未按照规定检修供水设施或者在供水设施发生故障后未及时抢修的。

第三十四条 违反本条例规定，有下列行为之一的，由城市供水行政主管部门责令停止违法行为，可以处以罚款；对负有直接责任的主管人员和其他直接责任人员，其所在单位或者上级机关可以给予行政处分：

（一）无证或者超越资质证书规定的经营范围进行城市供水工程的设计或者施工的；

（二）未按国家规定的技术标准和规范进行城市供水工程的设施或者施工的；

（三）违反城市供水发展规划及其年度建设计划兴建城市供水工程的。

第三十五条 违反本条例规定，有下列行为之一的，由城市供水行政主管部门或者其授权的单位责令限期改正，可以处以罚款：

（一）未按规定缴纳水费的；

（二）盗用或者转供城市公共供水的；

（三）在规定的城市公共供水管道及其附属设施的安全保护范围内进行危害供水设施安全活动的；

（四）擅自将自建设施供水管网系统与城市公共供水管网系统直接连接的；

（五）产生或者使用有毒有害物质的单位将其生产用水管网系统与城市公共供水管网系统直接连接的；

（六）在城市公共供水管道上直接装泵抽水的；

（七）擅自拆除、改装或者迁移城市公共供水设施的。

有前款第（一）项、第（二）项、第（四）项、第（五）项、第（六）项、第（七）项所列行为之一，情节严重的，经县级以上人民政府批准，还可以在一定时间内停止供水。

第三十六条　建设工程施工危害城市公共供水设施的，由城市供水行政主管部门责令停止危害活动；造成损失的，由责任方依法赔偿损失；对负有直接责任的主管人员和其他直接责任人员，其所在单位或者上级机关可以给予行政处分。

第三十七条　城市供水行政主管部门的工作人员玩忽职守、滥用职权、徇私舞弊的，由其所在单位或者上级机关给予行政处分；构成犯罪的，依法追究刑事责任。

第七章　附则

第三十八条　本条例第三十三条、第三十四条、第三十五条规定的罚款数额由省、自治区、直辖市人民政府规定。

第三十九条　本条例自 1994 年 10 月 1 日起施行。

第三节　城镇供水服务标准

中华人民共和国国家标准

《城镇供水服务》

Customer service for public of urban water supply

GB/T 32063—2015

发布日期：2015 年 10 月 13 日

实施日期：2016 年 9 月 1 日

1　范围

本标准规定了城镇供水服务的术语和定义、总则、要求（水质、水压、新装、抄表收费、售后、信息、设施和人员、投诉处理、应急、二次供水）及服务质量评价等。

本标准适用于城镇供水单位向客户提供生活饮用水的供水服务。

2　规范性引用文件

下列文件对于本文件的应用是必不可少的。凡是标注日期的引用文件，仅标注日期的版本适用于本文件。凡是不标注日期的引用文件，其最新版本（包括所有的修改单）适用于本文件。

GB/T 778.1　封闭满管道中水流量的测量　饮用冷水水表和热水水表　第 1 部分：规范

GB/T 778.2　封闭满管道中水流量的测量　饮用冷水水表和热水水表　第 2 部分：安装要求

GB 5749　生活饮用水卫生标准

CJ/T 206　城市供水水质标准

CJ 266　饮用水冷水水表安全规则

CJJ 140　二次供水工程技术规程

JJG 162　冷水水表检定规程

3　术语和定义

下列术语和定义适用于本文件。

3.1　供水服务（water supply service）

城镇供水单位提供生活饮用水以及与客户在新装服务、抄表收费、售后服务、投诉处理等过程中接触的活动。

3.2 供水单位（water supply enterprise）

向客户提供生活饮用水服务的城镇公共供水单位、自建设施供水单位和二次供水单位。

3.3 二次供水（secondary water supply）

通过储存、加压等设施经管道供给居民和公共建筑生活饮用水的供水方式。

3.4 客户（customer）

与供水单位有供用水关系、接受供水服务的单位或个人。

4 总则

4.1 安全性：供水单位应保障不间断地向客户供水，满足客户对水质、水压等用水需求。

4.2 及时性：供水单位应在承诺的服务期限内提供服务。

4.3 便利性：供水单位应提供方便客户进行用水申请、报修和缴费的办理方式及相关服务流程、联系渠道等。

4.4 公开性：供水单位应公开水质、水压、水价、业务办理、服务事项和投诉方式等信息。

5 要求

5.1 水质

5.1.1 供水单位的供水水质应符合 GB 5749 的规定。

5.1.2 供水单位的水质监测及评定应按 CJ/T 206 的规定执行。

5.2 水压

5.2.1 供水管网服务压力及合格率应按国家和行业等规定执行。

5.2.2 供水单位由于工程施工、设备维修等原因需计划性停水或降低水压时，应提前24h 通知受影响的客户，并按时恢复供水。停水或降压超时应再次通知客户。

5.2.3 停水或降压通知应包括下列主要内容：

    a）原因和范围；

    b）开始时间；

    c）预计恢复正常供水时间等。

5.3 新装

5.3.1 新装服务包括办理客户新增、扩容、改装及临时用水业务等。

5.3.2 供水单位应设置方便受理客户申请新装用水服务的营业厅等接待场所。

5.3.3 供水单位应明确新装服务的负责部门、服务办理流程等。

5.3.4 服务办理流程应包括下列内容：

    a）前期咨询和申请受理；

    b）查勘和审核客户内部给水方案；

    c）签订供用水合同；

    d）质量验收和通水；

    e）业务办理期限。

5.4 抄表收费

5.4.1 选用的水表应符合 GB/T 778.1 和 CJ 266 的规定。水表安装应按 GB/T 778.2 的

要求执行。

5.4.2 应对水表执行强制检定，检定和更换周期应符合 JJG 162 的规定。水表发生故障时，应及时更换。更换水表应事先告知客户。

5.4.3 供水单位应按照规定周期抄表结算。抄表周期有变动时应事先告知客户。

5.4.4 水费应以水表计量为依据结算，并开具水费账单。水表出现故障或因客户原因无法抄见时，应按规定合理暂估用水量并告知客户。

5.4.5 水费账单应按期送达客户。

5.4.6 水费单价应按照当地规定的标准执行。

5.4.7 供水单位应提供方便客户的多种缴费方式。

5.5 售后

5.5.1 售后服务主要包括对客户反映的临时停水、水质问题、管道漏水、井盖缺损及其他问题的处理。

5.5.2 供水单位应建立 24h 热线服务及营业厅、信函等服务渠道，宜设立传真、网站、电子邮件、短信等多种媒体服务渠道及自助服务方式。

5.5.3 服务渠道应保持通畅，其中：

a) 热线服务：呼叫中心转入人工坐席端的电话应做到来电 20s 内接起；传统电话应做到铃响三声有应答；

b) 营业厅服务：客户等待时间不宜超过 20min；

c) 信函等其他服务：应有专人及时处置。

5.5.4 受理客户反映的售后服务问题后应在 2h 内做出响应，售后服务处理期限应符合表 1 的规定。对在规定的处理期限内不能解决的问题，应向客户说明原因，并承诺解决的时间。

售后服务处理期限　　　　　　　　　　　　　　　　　　表 1

序号	售后服务项目	处理期限
1	临时停水	不超过 24h
2	水质问题	不超过 24h
3	管道漏水	漏水不超过 24h；爆管 4h 内止水并抢修
4	井盖缺损	不超过 24h
5	其他服务	不超过 5 个工作日

注：处理期限也可根据客户要求进行约期，并在约期内处理。

5.6 信息

5.6.1 供水单位应向客户公开下列供水服务信息：

a) 水质信息；

b) 水压信息；

c) 降压及停水信息；

d) 服务办理流程；

e) 收费标准及结算方式；

f) 服务联系方式；

g）服务标准及服务承诺；

h）供水服务规章制度；

i）用水常识及节约用水知识等。

5.6.2 服务信息公开渠道应主要包括下列内容：

a）营业厅查询；

b）热线电话询问；

c）网站公布；

d）发放宣传手册或服务指南；

e）其他宣传形式。

5.6.3 供水单位应保护客户的相关信息。

5.7 设施和人员

5.7.1 营业厅应符合下列规定：

a）设置明显标识牌；

b）有足够的等候空间；

c）设置信息公示和客户评价等服务设施；

d）宜设置无障碍通道；

e）保持环境整洁。

5.7.2 服务人员应统一服装、衣着整洁、佩戴胸卡、举止文明、语言规范、态度热情，熟悉相关业务，遵守职业道德。

5.7.3 入户服务人员应主动出示证件。

5.8 投诉处理

5.8.1 投诉是指客户反映的供水服务态度和服务质量等方面的问题。

5.8.2 供水单位应建立专门的来电、来信和来访等多种投诉受理渠道。

5.8.3 供水单位应制定投诉处理流程及办法，并予以公布。

5.8.4 受理客户投诉后应在 2h 内做出响应，并在 5 个工作日内处理。对在规定的处理期限内不能解决的投诉，应向客户说明原因，并提出进一步解决的措施和时间。

5.9 应急

5.9.1 突发爆管等事故造成停水时，供水单位应在组织抢修的同时告知客户。停水超过 24h 时，宜采取临时措施向居民供水。

5.9.2 遇到自然灾害、重大水质污染、恐怖袭击、重大生产事故等严重影响正常供水服务的突发性事件，供水单位应按供水应急预案要求采取相应措施提供服务。

5.10 二次供水

5.10.1 二次供水水质应符合 GB 5749 的规定。

5.10.2 居民住宅和公共建筑的二次供水用水点的给水压力应符合 CJJ 140 的有关规定。

5.10.3 二次供水单位应设立 24h 服务电话。

5.10.4 受理客户报修后应在 24h 内处理；不能及时解决时，应向客户说明原因，并承诺解决期限。发生水质异常、管道爆裂和设备故障等影响供水服务的紧急情况时，应在 2h 内到达现场处理或抢修。

5.10.5 二次供水单位应向客户公开下列相关服务信息：

a）水箱或水池清洗及清洗后的水质情况；

b）降压或停水信息；

c）服务和投诉电话、处理期限和流程等服务规范。

6 服务质量评价

6.1 供水单位应建立服务质量评价制度，并进行自我服务质量评价。

6.2 政府主管部门应开展服务质量监管评价。

6.3 可委托开展第三方客户满意度测评。

6.4 供水服务质量评价结果宜向社会发布。

6.5 评价指标及计算方法应符合下列规定：

a）管网服务压力合格率不应小于 96%，按公式 2-1 计算：

$$管网服务压力合格率 = \frac{检验合格次数}{检验总次数} \times 100\% \qquad （公式 2-1）$$

b）呼叫中心接通率不应小于 85%，按公式 2-2 计算：

$$呼叫中心接通率 = \frac{在 20s 内接起的电话量}{来电总量} \times 100\% \qquad （公式 2-2）$$

c）售后服务处理及时率不应小于 97%，按公式 2-3 计算：

$$售后服务处理及时率 = \frac{在规定处理期限内售后服务处理件数}{售后服务总件数} \times 100\% \qquad （公式 2-3）$$

d）投诉处理及时率不应小于 98%，按公式 2-4 计算：

$$投诉处理及时率 = \frac{在规定处理期限内投诉处理件数}{投诉总件数} \times 100\% \qquad （公式 2-4）$$

第四节　生活饮用水卫生标准

2006 年底，卫生部会同各有关部门完成了对 1985 年版《生活饮用水卫生标准》的修订工作，并正式颁布了新版《生活饮用水卫生标准》GB 5749—2006，规定自 2007 年 7 月 1 日起全面实施。

1 范围

本标准规定了生活饮用水水质卫生要求、生活饮用水水源水质卫生要求、集中式供水单位卫生要求、二次供水卫生要求、涉及生活饮用水卫生安全产品卫生要求、水质监测和水质检验方法。

本标准适用于城乡各类集中式供水的生活饮用水，也适用于分散式供水的生活饮用水。

2 规范性引用文件

下列文件中的条款通过本标准的引用而成为本标准的条款。凡是标注日期的引用文件，其随后所有的修改（不包括勘误内容）或修订版均不适用于本标准，然而，鼓励根据本标准达成协议的各方研究是否可使用这些文件的最新版本。凡是不注明日期的引用文件，其最新版本适用于本标准。

GB 3838　地表水环境质量标准

GB/T 5750　生活饮用水标准检验方法

GB/T 14848　地下水质量标准

GB 17051　二次供水设施卫生规范

GB/T 17218　饮用水化学处理剂卫生安全性评价

GB/T 17219　生活饮用水输配水设备及防护材料的安全性评价标准

CJ/T 206　城市供水水质标准

SL 308　村镇供水单位资质标准

生活饮用水集中式供水单位卫生规范　卫生部

3　术语和定义

下列术语和定义适用于本标准

3.1　生活饮用水　drinking water

供人生活的饮水和生活用水。

3.2　供水方式　type of water supply

3.2.1　集中式供水　central water supply

自水源集中取水，通过输配水管网送到用户或者公共取水点的供水方式，包括自建设施供水。为用户提供日常饮用水的供水站和为公共场所、居民社区提供的分质供水也属于集中式供水。

3.2.2　二次供水　secondary water supply

集中式供水在入户之前经再度储存、加压和消毒或深度处理，通过管道或容器输送给用户的供水方式。

3.2.3　小型集中式供水　small central water supply for rural areas

日供水在 1000m^3 以下（或供水人口在 1 万人以下）的农村集中式供水。

3.2.4　分散式供水　non-central water supply

用户直接从水源取水，未经任何设施或仅有简易设施的供水方式。

3.3　常规指标 regular indices

能反映生活饮用水水质基本状况的水质指标。

3.4　非常规指标　non-regular indices

根据地区、时间或特殊情况需要的生活饮用水水质指标。

4　生活饮用水水质卫生要求

4.1　生活饮用水水质应符合下列基本要求，保证用户饮用安全。

4.1.1　生活饮用水中不得含有病原微生物。

4.1.2　生活饮用水中化学物质不得危害人体健康。

4.1.3　生活饮用水中放射性物质不得危害人体健康。

4.1.4　生活饮用水的感官性状良好。

4.1.5　生活饮用水应经消毒处理。

4.1.6　生活饮用水水质应符合表 1 和表 3 卫生要求。集中式供水出厂水中消毒剂限值、出厂水和管网末梢水中消毒剂余量均应符合表 2 要求。

4.1.7　小型集中式供水和分散式供水的水质因条件限制，部分指标可暂按照表 4 执行，其余指标仍按表 1、表 2 和表 3 执行。

4.1.8　当发生影响水质的突发性公共事件时，经市级以上人民政府批准，感官性状和一般化学指标可适当放宽。

4.1.9 当饮用水中含有附录 A 表 A.1 所列指标时，可参考此表限值评价。

水质常规指标及限值　　　　　　　　　　　　表 1

指标	限值
1. 微生物指标[①]	
总大肠菌群(MPN/100mL 或 CFU/100mL)	不得检出
耐热大肠菌群(MPN/100mL 或 CFU/100mL)	不得检出
大肠埃希氏菌(MPN/100mL 或 CFU/100mL)	不得检出
菌落总数(CFU/mL)	100
2. 毒理指标	
砷(mg/L)	0.01
镉(mg/L)	0.005
铬(六价,mg/L)	0.05
铅(mg/L)	0.01
汞(mg/L)	0.001
硒(mg/L)	0.01
氰化物(mg/L)	0.05
氟化物(mg/L)	1.0
硝酸盐(以 N 计,mg/L)	10 地下水源限制时为 20
三氯甲烷(mg/L)	0.06
四氯化碳(mg/L)	0.002
溴酸盐(使用臭氧时,mg/L)	0.01
甲醛(使用臭氧时,mg/L)	0.9
亚氯酸盐(使用二氧化氯消毒时,mg/L)	0.7
氯酸盐(使用复合二氧化氯消毒时,mg/L)	0.7
3. 感官性状和一般化学指标	
色度(铂钴色度单位)	15
浑浊度(NTU-散射浊度单位)	1 水源与净水技术条件限制时为 3
臭和味	无异臭、异味
肉眼可见物	无
pH (pH 单位)	不小于 6.5 且不大于 8.5
铝(mg/L)	0.2
铁(mg/L)	0.3
锰(mg/L)	0.1
铜(mg/L)	1.0
锌(mg/L)	1.0
氯化物(mg/L)	250
硫酸盐(mg/L)	250

续表

指　标	限　值
溶解性总固体(mg/L)	1000
总硬度(以 $CaCO_3$ 计,mg/L)	450
耗氧量(COD_{Mn} 法,以 O_2 计,mg/L)	3 水源限制,原水耗氧量>6mg/L 时为 5
挥发酚类(以苯酚计,mg/L)	0.002
阴离子合成洗涤剂(mg/L)	0.3
4. 放射性指标[②]	指导值
总 α 放射性(Bq/L)	0.5
总 β 放射性(Bq/L)	1

① MPN 表示最可能数;CFU 表示菌落形成单位。当水样检出总大肠菌群时,应进一步检验大肠埃希氏菌或耐热大肠菌群;水样未检出总大肠菌群,不必检验大肠埃希氏菌或耐热大肠菌群。
② 放射性指标超过指导值,应进行核素分析和评价,判定能否饮用

饮用水中消毒剂常规指标及要求　　　　　　　　　　　　　表 2

消毒剂名称	与水接触 时间	出厂水 中限值	出厂水 中余量	管网末梢水中余量
氯气及游离氯制剂 (游离氯,mg/L)	至少 30min	4	≥0.3	≥0.05
一氯胺 (总氯,mg/L)	至少 120min	3	≥0.5	≥0.05
臭氧 (O_3,mg/L)	至少 12min	0.3	—	0.02 如加氯,总氯≥0.05
二氧化氯 (ClO_2,mg/L)	至少 30min	0.8	≥0.1	≥0.02

水质非常规指标及限值　　　　　　　　　　　　　　　　表 3

指　标	限　值
1. 微生物指标	
贾第鞭毛虫(个/10L)	<1
隐孢子虫(个/10L)	<1
2. 毒理指标	
锑(mg/L)	0.005
钡(mg/L)	0.7
铍(mg/L)	0.002
硼(mg/L)	0.5
钼(mg/L)	0.07
镍(mg/L)	0.02
银(mg/L)	0.05
铊(mg/L)	0.0001
氯化氰 (以 CN-计,mg/L)	0.07

指　　标	限　　值
一氯二溴甲烷(mg/L)	0.1
二氯一溴甲烷(mg/L)	0.06
二氯乙酸(mg/L)	0.05
1,2-二氯乙烷(mg/L)	0.03
二氯甲烷(mg/L)	0.02
三卤甲烷 （三氯甲烷、一氯二溴甲烷、二氯一溴甲烷、三溴甲烷的总和）	该类化合物中各种化合物的实测浓度与 其各自限值的比值之和不超过1
1,1,1-三氯乙烷(mg/L)	2
三氯乙酸(mg/L)	0.1
三氯乙醛(mg/L)	0.01
2,4,6-三氯酚(mg/L)	0.2
三溴甲烷(mg/L)	0.1
七氯(mg/L)	0.0004
马拉硫磷(mg/L)	0.25
五氯酚(mg/L)	0.009
六六六(总量,mg/L)	0.005
六氯苯(mg/L)	0.001
乐果(mg/L)	0.08
对硫磷(mg/L)	0.003
灭草松(mg/L)	0.3
甲基对硫磷(mg/L)	0.02
百菌清(mg/L)	0.01
呋喃丹(mg/L)	0.007
林丹(mg/L)	0.002
毒死蜱(mg/L)	0.03
草甘膦(mg/L)	0.7
敌敌畏(mg/L)	0.001
莠去津(mg/L)	0.002
溴氰菊酯(mg/L)	0.02
2,4-滴(mg/L)	0.03
滴滴涕(mg/L)	0.001
乙苯(mg/L)	0.3
二甲苯(mg/L)	0.5
1,1-二氯乙烯(mg/L)	0.03
1,2-二氯乙烯(mg/L)	0.05
1,2-二氯苯(mg/L)	1
1,4-二氯苯(mg/L)	0.3

续表

指　　标	限　　值
三氯乙烯(mg/L)	0.07
三氯苯(总量,mg/L)	0.02
六氯丁二烯(mg/L)	0.0006
丙烯酰胺(mg/L)	0.0005
四氯乙烯(mg/L)	0.04
甲苯(mg/L)	0.7
邻苯二甲酸二(2-乙基己基)酯(mg/L)	0.008
环氧氯丙烷(mg/L)	0.0004
苯(mg/L)	0.01
苯乙烯(mg/L)	0.02
苯并(a)芘(mg/L)	0.00001
氯乙烯(mg/L)	0.005
氯苯(mg/L)	0.3
微囊藻毒素-LR(mg/L)	0.001
3. 感官性状和一般化学指标	
氨氮(以 N 计,mg/L)	0.5
硫化物(mg/L)	0.02
钠(mg/L)	200

小型集中式供水和分散式供水部分水质指标及限值　　表4

指　　标	限　　值
1. 微生物指标	
菌落总数(CFU/mL)	500
2. 毒理指标	
砷(mg/L)	0.05
氟化物(mg/L)	1.2
硝酸盐(以 N 计,mg/L)	20
3. 感官性状和一般化学指标	
色度(铂钴色度单位)	20
浑浊度(NTU-散射浊度单位)	3 水源与净水技术条件限制时为 5
pH(pH 单位)	不小于 6.5 且不大于 9.5
溶解性总固体(mg/L)	1500
总硬度 (以 $CaCO_3$ 计,mg/L)	550
耗氧量(COD_{Mn} 法,以 O_2 计,mg/L)	5
铁(mg/L)	0.5

指　　　标	限　　　值
锰（mg/L）	0.3
氯化物（mg/L）	300
硫酸盐（mg/L）	300

5　生活饮用水水源水质卫生要求

5.1　采用地表水为生活饮用水水源时应符合 GB 3838 要求。

5.2　采用地下水为生活饮用水水源时应符合 GB/T 14848 要求。

6　集中式供水单位卫生要求

集中式供水单位的卫生要求应按照卫生部《生活饮用水集中式供水单位卫生规范》执行。

7　二次供水卫生要求

二次供水的设施和处理要求应按照 GB 17051 执行。

8　涉及生活饮用水卫生安全产品卫生要求

8.1　处理生活饮用水采用的絮凝、助凝、消毒、氧化、吸附、pH 调节、防锈、阻垢等化学处理剂不应污染生活饮用水，应符合 GB/T 17218 要求。

8.2　生活饮用水的输配水设备、防护材料和水处理材料不应污染生活饮用水，应符合 GB/T 17219 要求。

9　水质监测

9.1　供水单位的水质检测

供水单位的水质检测应符合以下要求。

9.1.1　供水单位的水质非常规指标选择由当地县级以上供水行政主管部门和卫生行政部门协商确定。

9.1.2　城市集中式供水单位水质检测的采样点选择、检验项目和频率、合格率计算按照 CJ/T 206 执行。

9.1.3　村镇集中式供水单位水质检测的采样点选择、检验项目和频率、合格率计算按照 SL 308 执行。

9.1.4　供水单位水质检测结果应定期报送当地卫生行政部门，报送水质检测结果的内容和办法由当地供水行政主管部门和卫生行政部门商定。

9.1.5　当饮用水水质发生异常时应及时报告当地供水行政主管部门和卫生行政部门。

9.2　卫生监督的水质监测

9.2.1　各级卫生行政部门应根据实际需要定期对各类供水单位的供水水质进行卫生监督、监测。

9.2.2　当发生影响水质的突发性公共事件时，由县级以上卫生行政部门根据需要确定饮用水监督监测方案。

9.2.3　卫生监督的水质监测范围、项目、频率由当地市级以上卫生行政部门确定。

10　水质检验方法

生活饮用水水质检验应按照 GB/T 5750 所有部分执行。

附录

（资料性附录）

生活饮用水水质参考指标及限值　　　　　　表 2-1

指　标	限　值
肠球菌(CFU/100mL)	0
产气荚膜梭状芽孢杆菌(CFU/100mL)	0
二(2-乙基己基)己二酸酯(mg/L)	0.4
二溴乙烯(mg/L)	0.00005
二噁英(2,3,7,8-TCDD,mg/L)	0.00000003
土臭素(二甲基萘烷醇,mg/L)	0.00001
五氯丙烷(mg/L)	0.03
双酚 A(mg/L)	0.01
丙烯腈(mg/L)	0.1
丙烯酸(mg/L)	0.5
丙烯醛(mg/L)	0.1
四乙基铅(mg/L)	0.0001
戊二醛(mg/L)	0.07
甲基异莰醇-2(mg/L)	0.00001
石油类(总量,mg/L)	0.3
石棉(>10μm,万/L)	700
亚硝酸盐(mg/L)	1
多环芳烃(总量,mg/L)	0.002
多氯联苯(总量,mg/L)	0.0005
邻苯二甲酸二乙酯(mg/L)	0.3
邻苯二甲酸二丁酯(mg/L)	0.003
环烷酸(mg/L)	1.0
苯甲醚(mg/L)	0.05
总有机碳(TOC,mg/L)	5
萘酚-β(mg/L)	0.4
黄原酸丁酯(mg/L)	0.001
氯化乙基汞(mg/L)	0.0001
硝基苯(mg/L)	0.017

第五节　二次供水工程技术规程

《二次供水工程技术规程》CJJ 140—2010 作为行业标准，由中华人民共和国住房和城乡建设部于 2010 年 4 月 17 日发布，2010 年 10 月 1 日实施。

1　总则

1.0.1　为保障城镇供水安全、卫生和社会公众利益，提高二次供水工程的建设质量和管理水平，制定本规程。

1.0.2　本规程适用于城镇新建、扩建和改建的民用与工业建筑生活饮用水二次供水工程的设计、施工、安装调试、验收、设施维护与安全运行管理。

1.0.3　二次供水工程的建设和管理除应符合本规程的规定外，尚应符合国家现行有关标准的规定。

2　术语

2.0.1　二次供水

当民用与工业建筑生活饮用水对水压、水量的要求超过城镇公共供水或自建设施供水管网能力时，通过储存、加压等设施经管道供给用户或自用的供水方式。

2.0.2　二次供水设施

为二次供水设置的泵房、水池（箱）、水泵、阀门、电控装置、消毒设备、压力水容器、供水管道等设施。

2.0.3　叠压供水

利用城镇供水管网压力直接增压的二次供水方式。

2.0.4　引入管

由城镇供水管网引入二次供水设施的管段。

3　基本规定

3.0.1　当民用与工业建筑生活饮用水用户对水压、水量要求超过供水管网的供水能力时，必须建设二次供水设施。

3.0.2　二次供水不得影响城镇供水管网正常供水。

3.0.3　新建二次供水设施应与主体工程同时设计、同时施工、同时投入使用。

3.0.4　二次供水工程的设计、施工应由具有相应资质的单位承担。

3.0.5　二次供水设施应独立设置，并应有建筑围护结构。

3.0.6　二次供水设施应具有防污染措施。

3.0.7　二次供水设施应有运行安全保障措施。

3.0.8　二次供水设施中的涉水产品应符合现行国家标准《生活饮用水输配水设备及防护材料的安全性评价标准》GB/T 17219 的有关规定。

3.0.9　二次供水设备应有铭牌标识和产品质量相关资料。

4　水质、水量、水压

4.0.1　二次供水水质应符合现行国家标准《生活饮用水卫生标准》GB 5749 的有关规定。

4.0.2　二次供水水量应根据小区及建筑物使用性质、规模、用水范围、用水器具及设备用水量进行计算确定。用水定额及计算方法，应符合现行国家标准《建筑给水排水设计规范》GB 50015，《室外给水设计规范》GB 50013、《城市居民生活用水量标准》GB/T 50331 的有关规定。

4.0.3 二次供水系统的供水压力应根据最不利用水点的工作压力确定。

5 系统设计

5.1 一般规定

5.1.1 二次供水系统的设计应与城镇供水管网的供水能力和用户的用水需求相匹配。

5.1.2 二次供水系统的设计应满足安全使用和节能、节地、节水、节材的要求，并应符合环境保护、施工安装、操作管理、维修检测等要求。

5.1.3 不同用水性质的用户应分别独立计量，新建住宅应计量到户，水表宜出户。

5.2 系统选择

5.2.1 二次供水应充分利用城镇供水管网压力，并依据城镇供水管网条件，综合考虑小区或建筑物类别、高度、使用标准等因素，经技术经济比较后合理选择二次供水系统。

5.2.2 二次供水系统可采用下列供水方式：

1 增压设备和高位水池（箱）联合供水；

2 变频调速供水；

3 叠压供水；

4 气压供水。

5.2.3 给水系统的竖向分区应符合现行国家标准《建筑给水排水设计规范》GB 50015 的规定。

5.2.4 叠压供水方式应有条件使用。采用叠压供水方式时，不得造成该地区城镇供水管网的水压低于本地规定的最低供水服务压力。

5.3 流量与压力

5.3.1 二次供水系统设计用水量计算应包括管网漏失水量和未预见水量，管网漏失水量和未预见水量之和应按最高日用水量的 8%～12% 计算。

5.3.2 二次供水系统的设计流量和管道水力计算应符合现行国家标准《建筑给水排水设计规范》GB 50015 的规定。

5.3.3 叠压供水系统的设计压力应考虑城镇供水管网可利用水压。

叠压供水系统节能优势就体现在能充分利用城镇供水管网的水压。

5.3.4 高层建筑采用减压阀供水方式的系统，阀后配水件处的最大压力应按减压阀失效情况下进行校核，其压力不应大于配水件的产品标准规定的水压试验压力。

5.3.5 高位水池（箱）与最不利用水点的高差应满足用水点水压要求，当不能满足时，应采取增压措施。

5.4 管道布置

5.4.1 当使用二次供水的居住小区规模在 7000 人以上时，小区二次供水管网宜布置成环状，与小区二次供水管网连接的加压泵出水管不宜少于两条，环状管网应设置阀门分段。

5.4.2 二次供水泵房引入管宜从居住小区给水管网或条件许可的城镇供水管网单独引入。

5.4.3 室外二次供水管道的布置不得污染生活用水，当达不到要求时，应采取相应的保护措施，并应符合现行国家标准《室外给水设计规范》GB 50013 的规定。

5.4.4 小区和室内二次供水管道的布置应符合现行国家标准《建筑给水排水设计规范》GB 50015 的规定。

5.4.5 二次供水的室内生活给水管道宜布置成枝状管网，单向供水。

5.4.6 二次供水管道的伸缩补偿装置应按现行国家标准《建筑给水排水设计规范》GB 50015 执行。

5.4.7 叠压供水设备应预留消毒设施接口。

6 设备设施

6.1 水池（箱）

6.1.1 当水箱选用不锈钢材料时，焊接材料应与水箱材质相匹配，焊缝应进行抗氧化处理。

6.1.2 水池（箱）宜独立设置，且结构合理、内壁光洁、内拉筋无毛刺、不渗漏。

6.1.3 水池（箱）距污染源、污染物的距离应符合现行国家标准《建筑给水排水设计规范》GB 50015 的规定。

6.1.4 水池（箱）应设置在维护方便、通风良好、不结冰的房间内。室外设置的水池（箱）及管道应有防冻、隔热措施。

6.1.5 当水池（箱）容积大于 $50m^3$ 时，宜分为容积基本相等的两格，并能独立工作。

6.1.6 水池高度不宜超过 3.5m，水箱高度不宜超过 3m。当水池（箱）高度大于 1.5m 时，水池（箱）内外应设置爬梯。

6.1.7 建筑物内水池（箱）侧壁与墙面间距不宜小于 0.7m，安装有管道的侧面，净距不宜小于 1.0m；水池（箱）与室内建筑凸出部分间距不宜小于 0.5m；水池（箱）顶部与楼板间距不宜小于 0.8m；水池（箱）底部应架空，距地面不宜小于 0.5m，并应具有排水条件。

6.1.8 水池（箱）应设进水管、出水管、溢流管、泄水管、通气管、人孔，并应符合下列规定：

1 进水管的设置应符合现行国家标准《建筑给水排水设计规范》GB 50015 的规定。

2 出水管管底应高于水池（箱）内底，高差不小于 0.1m。

3 进、出水管的布置不得产生水流短路，必要时应设导流装置。

4 进、出水管上必须安装阀门，水池（箱）宜设置水位监控和溢流报警装置。

5 溢流管管径应大于进水管管径，宜采用水平喇叭口溢水，溢流管出口末端应设置耐腐蚀材料防护网，与排水系统不得直接连接并应有不小于 0.2m 的空气间隙。

6 泄水管应设在水池（箱）底部，管径不应小于 $DN50$。水池（箱）底部宜有坡度，并坡向泄水管或集水坑。泄水管与排水系统不得直接连接并应有不小于 0.2m 的空气间隙。

7 通气管管径不应小于 $DN25$，通气管口应采取防护措施。

8 水池（箱）人孔必须加盖、带锁、封闭严密，人孔高出水池（箱）外顶不应小于 0.1m。圆型人孔直径不应小于 0.7m，方型人孔每边长不应小于 0.6m。

6.2 压力水容器

6.2.1 压力水容器应符合现行国家标准《钢制压力容器》GB 150 及有关标准的规定。

6.2.2 压力水容器宜选用不锈钢材料，焊接材料应与压力水容器材质相匹配，焊缝应进行抗氧化处理。

6.2.3 二次供水宜采用隔膜式气压给水设备。当采用补气式气压给水设备时，宜安装空气处理装置。

6.2.4 气压罐的有效容积应与水泵允许启停次数相匹配。

6.3 水泵

6.3.1 居住建筑二次供水设施选用的水泵，噪声应符合现行《泵的噪声测量与评价方法》GB/T 29529 中的 B 级要求；振动应符合现行《泵的振动测量与评价方法》GB/T 29531 中的 B 级要求。

6.3.2 公共建筑二次供水设施选用的水泵，噪声应符合现行《泵的噪声测量与评价方法》GB/T 29529 中的 C 级要求；振动应符合现行《泵的振动测量与评价方法》GB/T 29531 中的 C 级要求。

6.3.3 二次供水设施中的水泵选择应符合下列规定：

1 低噪声、节能、维修方便；

2 采用变频调速控制时，水泵额定转速时的工作点应位于水泵高效区的末端；

3 用水量变化较大的用户，宜采用多台水泵组合供水；

4 应设置备用水泵，备用泵的供水能力不应小于最大一台运行水泵的供水能力。

6.3.4 电机额定功率在 11kW 以下的水泵，宜采用成套水泵机组。水泵机组应采取减振措施。

6.3.5 每台水泵的出水管上，应装设压力表、止回阀和阀门，必要时应设置水锤消除装置。

6.3.6 每台水泵宜设置单独的吸水管。

6.3.7 水泵吸水口处变径宜采用偏心管件，水泵出水口处变径应采用同心管件。

6.3.8 水泵应采用自灌式吸水，当因条件所限不能自灌吸水时应采取可靠的引水措施。

6.4 管道与附件

6.4.1 二次供水给水管道及附件应采用耐腐蚀、寿命长、水头损失小、安装方便、便于维护、卫生环保的材质，并应符合相应的压力等级，严禁使用国家明令淘汰的产品。

6.4.2 管道、附件及连接方式应根据不同管材，按相应技术要求确定。

6.4.3 二次供水管道应有标识，标识宜为蓝色。

6.4.4 严禁二次供水管道与非饮用水管道连接。

6.4.5 根据当地的气候条件，二次供水管道应采取隔热或防冻措施，室外明设的非金属管道应防止曝晒和紫外线的侵害。

6.4.6 应根据管径、承受压力及安装环境等条件，采用水力条件好、关闭灵活、耐腐蚀、寿命长的阀门。

6.4.7 阀门应设置在易操作和方便检修的位置。

6.4.8 室外阀门宜设置在阀门井内或采用阀门套筒。

6.4.9 二次供水管道的下列部位应设置阀门：

1 环状管段分段处；

2 从干管上接出的支管起始端；

3 水表前、后处；

    4　自动排气阀、泄压阀、压力表等附件前端，减压阀与倒流防止器前、后端。

6.4.10　当二次供水管道的压力高于配水点允许的最高使用压力时，应设置减压装置。

6.4.11　二次供水管道的下列部位应设置自动排气装置：

    1　间歇式使用的给水管网的末端和最高点；

    2　管网有明显起伏管段的峰点；

    3　采用补气式气压给水设备供水的配水管网最高点；

    4　减压阀出口端管道上升坡度的最高点和设有减压阀的供水系统立管顶端。

6.4.12　浮球阀的浮球、连接杆应采用耐腐蚀材质。

6.4.13　倒流防止器的设置应符合现行国家标准《建筑给水排水设计规范》GB 50015 的规定，宜选用低阻力倒流防止器。

6.4.14　供水管道的过滤器滤网应采用耐腐蚀材料，滤网目数应为 20 目～40 目，下列部位应设置供水管道过滤器：

    1　减压阀、自动水位控制阀等阀件前；

    2　叠压供水设备的进水管处。

6.4.15　减压阀的设置应符合现行国家标准《建筑给水排水设计规范》GB 50015 的规定。

6.5　消毒设备

6.5.1　二次供水设施的水池（箱）应设置消毒设备。

6.5.2　消毒设备可选择臭氧发生器、紫外线消毒器和水箱自洁消毒器等，其设计、安装和使用应符合国家现行有关标准的规定。

6.5.3　臭氧发生器应设置尾气消除装置。

6.5.4　紫外线消毒器应具备对紫外线照射强度的在线检测，并宜有自动清洗功能。

6.5.5　水箱自洁消毒器宜外置。

7　泵房

7.0.1　室外设置的泵房应符合现行国家标准《泵站设计规范》GB/T 50265 的有关规定。

7.0.2　居住建筑的泵房应符合下列规定：

    1　不应毗邻起居室或卧室。宜设置在居住建筑之外或居住建筑的地下二层，当居住建筑首层为公建时，可设置在地下一层。

    2　泵房应独立设置，泵房出入口应从公共通道直接进入。

    3　泵房应有可贸易结算的独立用电计量装置。

    4　泵房应安装防火防盗门，其尺寸应满足搬运最大设备的需要，窗户及通风孔应设防护格栅式网罩。

7.0.3　泵房应采取减振防噪措施，并应符合现行国家标准《建筑给水排水设计规范》GB 50015 的规定。

7.0.4　泵房环境噪声应符合现行国家标准《城市区域环境噪声标准》GB 3096 和《民用建筑隔声设计规范》GB 50118 的要求。

7.0.5　泵房内电控系统宜与水泵机组、水箱、管道等输配水设备隔离设置，并应采取防水、防潮和消防措施。

7.0.6　泵房的内墙、地面应选用符合环保要求、易清洁的材料铺砌或涂覆。

7.0.7　泵房应设置排水设施，泵房内地面应有不小于 0.01 的坡度坡向排水设施。

7.0.8　泵房应设置通风装置，保证房间内通风良好。

7.0.9　水泵基础高出地面的距离不应小于0.1m。

7.0.10　水泵机组的布置应符合现行国家标准《建筑给水排水设计规范》GB 50015的规定，当电机额定功率小于11kW或水泵吸水口直径小于65mm时，多台水泵可设在同一基础上；基础周围应有宽度大于0.8m的通道；不留通道的机组的突出部分与墙壁间的净距或相邻两台机组突出部分的净距应大于0.4m。

7.0.11　泵房内应有设备维修的场地，宜有设备备件储存的空间。

7.0.12　泵房宜采用远程监控系统。

8　控制与保护

8.1　控制

8.1.1　控制设备应符合下列规定：

1　应按现行国家标准《通用用电设备配电设计规范》GB 50055的有关规定执行；

2　应设定就地自动和手动控制方式，可采用远程控制；

3　应具有必要的参数、状态和信号显示功能；

4　备用泵可设定为故障自投和轮换互投。

8.1.2　变频调速控制时，设备应能自动进行小流量运行控制。

8.1.3　设备应有水压、液位、电压、频率等实时检测仪表。

8.1.4　叠压供水设备应能进行压力、流量控制。

8.1.5　检测仪表的量程应为工作点测量值的1.5倍～2倍。

8.1.6　二次供水设备宜有人机对话功能，界面应汉化、图标明显、显示清晰、便于操作。

8.1.7　变频调速供水电控柜（箱）应符合现行行业标准《微机控制变频调速给水设备》JG/T 3009的规定。

8.1.8　二次供水控制设备应提供标准的通讯协议和接口。

8.2　保护

8.2.1　控制设备应有过载、短路、过压、缺相、欠压、过热和缺水等故障报警及自动保护功能。对可恢复的故障应能自动或手动消除，恢复正常运行。

8.2.2　设备的电控柜（箱）应符合现行国家标准《电气控制设备》GB/T 3797的有关规定。

8.2.3　电源应满足设备的安全运行，宜采用双电源或双回路供电方式。

8.2.4　水池（箱）应有液位控制装置，当遇超高液位和超低液位时，应自动报警。

9　施工

9.1　一般规定

9.1.1　施工单位应按批准的二次供水工程设计文件和审查合格的施工组织设计进行施工安装，不得擅自修改工程设计。

9.1.2　施工力量、施工场地及施工机具，应具备安全施工条件。

9.2　设备安装

9.2.1　设备的安装应按工艺要求进行，压力、液位、电压、频率等监控仪表的安装位置和方向应正确，精度等级应符合国家现行有关标准的规定，不得少装、漏装。

9.2.2　材料和设备在安装前应核对、复验，并做好卫生清洁及防护工作。阀门安装前应进行强度和严密性试验。

9.2.3 设备基础尺寸、强度和地脚螺栓孔位置应符合设计和产品要求。

9.2.4 设备安装位置应满足安全运行、清洁消毒、维护检修要求。

9.2.5 水泵安装应符合现行国家标准《压缩机、风机、泵安装工程施工及验收规范》GB 50275 的有关规定。

9.2.6 电控柜（箱）的安装应符合现行国家标准《建筑电气工程施工质量验收规范》GB 50303 的有关规定。

9.3 管道敷设

9.3.1 管道敷设应符合现行国家标准《建筑给水排水及采暖工程施工质量验收规范》GB 50242 及有关标准的规定。

9.3.2 二次供水的建筑物引入管与污水排出管的管外壁水平净距不宜小于 1.0m，引入管应有不小于 0.003 的坡度，坡向室外管网或陶门井、水表井；引入管的拐弯处宜设支墩；当穿越承重墙或基础时，应预留洞口或钢套管；穿越地下室外墙处应预埋防水套管。

9.3.3 二次供水室外管道与建筑物外墙平行敷设的净距不宜小于 1.0m，且不得影响建筑物基础；供水管与污水管的最小水平净距应为 0.8m，交叉时供水管应在污水管上方，且接口不应重叠，最小垂直净距应为 0.1m，达不到要求的应采取保护措施。

9.3.4 埋地金属管应做防腐处理。

9.3.5 埋地钢塑复合管不宜采用沟槽式连接方式。

9.3.6 管道安装时管道内和接口处应清洁无污物，安装过程中应严防施工碎屑落入管中，施工中断和结束后应对敞口部位采取临时封堵措施。

9.3.7 钢塑复合管套丝时应采取水溶性润滑油，螺纹连接时，宜采取聚四氟乙烯生料带等材料，不得使用对水质产生污染的材料。

10 调试与验收

10.1 调试

10.1.1 设施完工后应按原设计要求进行系统的通电、通水调试。

10.1.2 管道安装完成后应分别对立管、连接管及室外管段进行水压试验。系统中不同材质的管道应分别试压。水压试验必须符合设计要求，不得用气压试验代替水压试验。

10.1.3 暗装管道必须在隐蔽前试压及验收。热熔连接管道水量试验应在连接完成 24h 后进行。

10.1.4 金属管、复合管及塑料管管道系统的试验压力应符合现行国家标准《建筑给水排水及采暖工程施工质量验收规范》GB 50242 的规定。各种材质的管道系统试验压力应为管道工作压力的 1.5 倍，且不得小于 0.60MPa。

10.1.5 对不能参与试压的设备、仪表、阀门及附件应拆除或采取隔离措施。

10.1.6 贮水容器应做满水试验。

10.1.7 消毒设备应按照产品说明书进行单体调试。

10.1.8 系统调试前应将阀门置于相应的通、断位置，并将电控装置逐级通电，工作电压应符合要求。

10.1.9 水泵应进行点动及连续运转试验，当泵后压力达到设定值时，对压力、流量、液位等自动控制环节应进行人工扰动试验，且均应达到设计要求。

10.1.10　系统调试模拟运转不应少于 30min。

10.1.11　调试后必须对供水设备、管道进行冲洗和消毒。

10.1.12　冲洗前对系统内易损部件应进行保护或临时拆除，冲洗流速不应小于 1.5m/s。消毒时，应根据二次供水设施类型和材质选择相应的消毒剂，可采用 20mg/L～30mg/L 的游离氯消毒液浸泡 24h。

10.1.13　冲洗、消毒后，系统出水水质应符合现行国家标准《生活饮用水卫生标准》GB 5749 的规定。

10.2　验收

10.2.1　二次供水工程安装及调试完成后应按下列规定组织竣工验收：

　　1　工程质量验收应按现行国家标准《建筑给水排水及采暖工程施工质量验收规范》GB 50242 和《建筑工程施工质量验收统一标准》GB 50300 执行；

　　2　设备安装验收应按现行国家标准《机械设备安装工程及验收适用规范》GB 50231 执行；

　　3　电气安装验收应按现行国家标准《建筑电气工程施工质量：验收规范》GB 50303 执行。

10.2.2　竣工验收时应提供下列文件资料：

　　1　施工图、设计变更文件、竣工图；

　　2　隐蔽工程验收资料；

　　3　工程所包括设备、材料的合格证、质保卡、说明书等相关资料；

　　4　涉水产品的卫生许可；

　　5　系统试压、冲洗、消毒、调试检查记录；

　　6　水质检测报告；

　　7　环境噪声监测报告；

　　8　工程质量评定表。

10.2.3　竣工验收时应检查下列项目：

　　1　电源的可靠性；

　　2　水泵机组运行状况和扬程、流量等参数；

　　3　供水管网水压达到设定值时，系统的可靠性；

　　4　管道、管件、设备的材质与设计要求的一致性；

　　5　设备显示仪表的准确度；

　　6　设备控制与数据传输的功能；

　　7　设备接地、防雷等保护功能；

　　8　水池（箱）的材质与设置；

　　9　供水设备的排水、通风、保温等环境状况。

10.2.4　竣工验收时应重点检查下列项目：

　　1　防回流污染设施的安全性；

　　2　供水设备的减振措施及环境噪声的控制；

　　3　消毒设备的安全运行。

10.2.5　验收合格后应将有关设计、施工及验收的文件立卷归档。

11 设施维护与安全运行管理

11.1 一般规定

11.1.1 二次供水设施的运行、维护与管理应有专门的机构和人员。

11.1.2 管理机构应制定二次供水的管理制度和应急预案。

11.1.3 运行管理人员应具备相应的专业技能,熟悉二次供水设施、设备的技术性能和运行要求,并应持有健康证明。

11.1.4 管理机构应制定设备运行的操作规程,包括操作要求、操作程序、故障处理、安全生产和日常保养维护要求等。

11.1.5 管理机构应建立健全各项报表制度,包括设备运行、水质、维修、服务和收费的月报、年报。

11.1.6 采用叠压供水的用户变更用水性质时,应经供水企业同意。

11.1.7 管理机构应建立健全室外管道与设备、设施的运行、维修维护档案管理制度。

11.2 设施维护

11.2.1 管理机构应建立日常保养、定期维护和大修理的分级维护检修制度,运行管理人员应按规定对设施进行定期维修保养。

11.2.2 运行管理人员必须严格按照操作规程进行操作,对设备的运行情况及相关仪表、阀门应按制度规定进行经常性检查,并做好运行和维修记录。记录内容包括:交接班记录、设备运行记录、设备维护保养记录、管网维护维修记录;应有故障或事故处理记录。

11.2.3 运行管理人员不得随意更改已设定的运行控制参数。

11.2.4 二次供水设施出现故障应及时抢修,尽快恢复供水。

11.2.5 泵房内应整洁,严禁存放易燃、易爆、易腐蚀及可能造成环境污染的物品。泵房应保持清洁、通风,确保设备运行环境处于符合规定的湿度和温度范围。

11.3 安全运行管理

11.3.1 管理机构应采取安全防范措施,加强对泵房、水池(箱)等二次供水设施重要部位的安全管理。

11.3.2 运行管理人员应定期巡检设施运行及室外埋地管网,严禁在泵房、水池(箱)周围堆放杂物,不得在管线上压、埋、围、占,及时制止和消除影响供水安全的因素。

11.3.3 运行管理人员应定期检查泵房内的排水设施、水池(箱)的液位控制系统、消毒设施、各类仪表、阀门井等,以保证阀门井盖不缺失、阀门不漏水;自动排气阀、倒流防止器运行正常。

11.3.4 运行管理人员应定期分析供水情况,经常进行二次供水设备安全检查,及时排除影响供水安全的各种故障隐患。

11.3.5 运行管理人员应定期检查并及时维护室内管道,保持室内管道无漏水和渗水。及时调整并记录减压阀工作情况,包括水压、流量以及管道的承压情况。

11.3.6 水池(箱)必须定期清洗消毒,每半年不得少于一次,并应同时对水质进行检测。

11.3.7 水质检测项目至少应包括:色度、浊度、嗅味、肉眼可见物、pH 值、大肠杆菌、细菌总数、余氯,水质检测取水点宜设在水池(箱)出水口,水质检测记录应存档备案。

思 考 题

1. 《供用水合同》是否需要备案？

2. 城市供水条例从何时开始实施？

3. 城市用水计划由哪个部门制定？如何制定？

4. 城镇供水服务标准针对售后服务处理期限如何规定？

5. 《生活饮用水卫生标准》GB 5749—2006 中水质检测指标有多少项？

6. 二次供水系统可采用哪几种供水方式？

7. 二次供水系统加压方式有哪几种？

8. 当水池（箱）高度大于多少时，水池（箱）内外应设置爬梯？

9. 水池（箱）顶部与楼板间距不宜小于多少？

10. 二次供水管道的哪些部位应设置阀门？

11. 居住建筑的泵房应符合哪些条件？

12. 二次供水系统加压方式有哪几种？

13. 当水池（箱）高度大于多少时，水池（箱）内外应设置爬梯？

14. 水池（箱）顶部与楼板间距不宜小于多少？

15. 二次供水管道的哪些部位应设置阀门？

16. 居住建筑的泵房应符合哪些条件？

第三章

给水工程基础知识

第一节　给水系统概述

1. 给水系统分类和功能

城市在社会经济活动中每天都要消耗大量的水，用于工业、农业、商业活动以及市民的日常生活。水在某种程度上限定和决定了城市的性质、规模、产业结构和发展方向，城市发展对水有很高的依存度。

水是人类和地球上一切生物生存发展所必需的、不可替代的一种特殊资源，是基础性的自然资源、战略性的经济资源和公共性的社会资源。在自然界中，水处于不断运动、不断循环之中，这种运动和循环具有突出的系统属性。用水的缺乏将直接影响人民的正常生活和经济发展，因此，给水系统是人类社会生活和生产环境中的一项重要的基础设施。

给水系统是由取水、输水、水质处理和配水等各关联设施所组成的整体，一般由原水取集、输送、处理、成品水输配和排泥水处理的给水工程中各个构筑物和输配水管渠组成。因此，大到跨区域的城市给水引水工程，小到居民楼房的给水设施，都可以纳入给水系统的范畴。

（1）给水系统的分类

由于工作环境和使用要求的变化，给水系统往往存在着多种形式。根据不同的描述角度，可以将给水系统按照一定的方式进行分类如下：

1）按照取水水源的种类进行分类

根据不同水源设计的给水系统分为地表水给水系统和地下水给水系统，其中地表水给水系统主要包括江河水给水系统、湖泊水给水系统、水库水给水系统和海洋水给水系统；地下水给水系统主要包括浅层地下水给水系统、深层地下水给水系统和泉水给水系统。

2）按照供水能量的提供方式进行分类

按照供水能量的来源，可以把给水系统分为：自流式给水系统（又称重力给水系统）、水泵给水系统（又称压力给水系统）和混合给水系统（重力—压力结合供水）。

3）按照供水使用的目的进行分类

按照供水使用的目的，可以把给水系统分为：生活给水系统、生产给水系统和消防给水系统。使用目的可以包涵多种，如生活、生产给水系统。

4）按照供水服务的对象进行分类

给水系统的服务对象相当广泛，例如城镇、工矿企业和居民小区等。可以按照供水服务的具体对象将给水系统区分为城市给水系统、工业给水系统等。

5）按照水的使用方式，可以把给水系统分为：

① 直流给水系统：供水使用以后废弃排放，或随产品带走或蒸发散失；

② 循环给水系统：供水使用以后经过简单处理，再度被原用水设备重复使用；

③ 复用给水系统：供水使用以后经过简单处理，被另一种用途的用水设备再度使用，又称为循序供水系统。

6）按照给水系统的供水方式，可以把给水系统分为：

① 统一给水系统：采用同一个供水系统、以相同的水质供给用水区域内所有用户的各种用水，包括生活用水、生产用水、消防用水等。

② 分质给水系统：按照供水区域内不同用户各自的水质要求或同一个用户不同的水质要求，实行不同水质分别供水的系统。分质给水系统可以是采用同一水源，但水处理流程和输配水子系统独立的供水；也可以是用完全相互独立的各个给水系统分别供给不同水质的系统。

③ 分压给水系统：根据地形高差或用户对管网水压要求不同，实行不同供水压力分系统供水的系统。供给用户不同的水压，可以是采用同一水源的给水系统，也可以是采用完全相互独立的各个给水系统分别供给不同水压的系统。

④ 分区给水系统：对不同区域实行相对独立供水的系统。当在城市的供水范围内有显著的区域性地形高差的时候，可以采用特殊设计的输配水系统把水分别供给不同地形高程的用户。既有利于输配水管网的建设，又有节约能量的作用。分区给水可以是采用同一水源的给水系统，也可以是采用完全相互独立供水的各个给水系统分别供给不同区域的系统。

⑤ 区域给水系统：在一个较大的地域范围内统一取用一个水质较好、供水量较充裕的水源，组成一个跨越地域界限、向多个城镇和乡村统一供水的系统。区域供水系统具有保证水质水量和集中管理的优势，适用于经济建设比较发达、城镇分布比较集中、供水水源条件受到限制的地区。

按照以上给水系统分类的不同方式，可以从多个角度描述某一具体的给水系统。例如，某个水泵供水的城镇供水系统取自地表水源，可以称之为"城镇地表水压力给水系统"等。必须指出，给水系统的分类体系不是很严格，很多类别之间的分界面并不清晰。给水系统的分类概念主要是为了描述上的方便，以便对系统的水源、工作方式和服务目标等作简单的说明。

（2）给水系统的功能

给水系统应具有以下三项主要功能：

1）水量保障：向指定的用水地点及时可靠地提供满足需求的用水量。

2）水质保障：向指定用水地点和用户供给符合质量要求的水，主要包括采用合适的给水处理措施使供水（包括水的循环利用）水质达到用户用水所要求的质量，通过设计和运行管理中的物理和化学等手段控制储存水和输配水过程中的水质变化。

3）水压保障：为用户用水提供符合标准的用水压力，使用户在任何时间都能取得充足的水量。在地形高差较大的地方，应充分利用地形高差所形成的重力提供供水压力；在地形平坦的低区，应保证用水设施安全和用水舒适。

城市给水系统还需从用水需求、减少渗漏、节水措施和加强补给等方面进行调控，保证其功能的发挥：

节制需求：现实生活和生产活动中，不合理的用水和浪费水现象严重，必须对用水需求进行节制。主要手段有计划管理、定额管理、价格调控和宣传教育，还要大力发展节水器具和节水型工艺，提倡一水多用，重复利用，提高用水效率。

减少渗漏：渗漏是城市供水和用水过程中存在的普遍现象，全球每年渗漏浪费的水量超过 100 亿吨。减少渗漏的主要手段是将技术和经济措施相结合，加强供水管网的渗漏控制和用水器具的跑冒滴漏控制等。

增加补给：降雨对地表水和地下水的补给是城市供水系统进入良性循环的基本前提，但由于城市化的发展和水土流失等原因，降雨对城市供水系统的补给正在逐渐减少。主要是采用技术、经济、行政和法律手段，限制地下水超采，增加人工回灌，扩大或诱导地下水的补给，涵养地表水源。

2. 给水系统的组成

给水系统必须能完成以下功能：从水源取得符合一定质量标准和数量要求的水；按照用户的要求进行处理；将水输送到用水区域，按照用户所需的流量和压力向用户供水。因此，给水系统的组成大致分为取水工程、水处理工程和输配水工程三个部分。所组成的单元通常由以下工程设施构成。

（1）取水构筑物

取水构筑物是为从水源地取集原水而设置的构筑物总称，通常指取水泵房和取水泵房以前的构筑物，用于从选定的水源和取水地点取水。所取水的水质必须符合有关水源水质标准，取水水量必须能满足供水对象的需要量。水源的水文条件、地质条件、环境因素和施工条件等直接影响取水工程的投资。取水构筑物有可能邻近水厂，也有可能远离水厂，需要独立进行运行管理。

（2）水处理构筑物

水处理构筑物是将取得的原水采用物理、化学和生物等方法进行经济有效地处理，改善水质，使之满足用户用水水质要求的构筑物。水处理构筑物是水厂的主体部分，是水厂保证供水水质的主要土建设施和相关设备。

（3）水泵站

水泵站是指安装有水泵机组和附属设施用以提升水的建筑物及其配套设施的总称。其任务是将水提升到一定的压力或高度，使之能满足水处理构筑物运行和向用户供水的需要。按其功能划分，给水系统中使用的水泵站可以分为：

1）一级泵站：又称取水泵站、水源泵站或浑水泵站等。其任务是将取水构筑物取到的原水输送给水厂中的水处理构筑物。一级泵站一般与取水构筑物建造在同一处，成为取水构筑物的一个组成部分，但也有不建在同一处的。另有一些大型给水工程中设置了调蓄水库，通过水泵提升功能把江河水输入水库，再由水泵将水库水输送到水处理厂。通常称水库前的泵站为翻水泵站，水库后的泵站为输水泵站。

2）二级泵站：又称送水泵站或清水泵站等。其任务是将水厂生产的清水提升到一定的压力或高度，通过管道系统输送给用户。二级泵站常设在水厂内，由水厂管理维护，二级泵站的供水量和供水压力按照管网调度中心的指令运行。小型水厂采用压力滤池或建在山上的高地水厂时可不设二级泵房。

3）增压泵站：增压泵站是接力提升输水压力的泵站。按照具体需要，增压泵站可以设在城市管网和各种长距离输水的管渠中间，输送的水可以是浑水，也可以是清水。设在城市管网中的增压泵站一般直接从城市管网中取水，按照管网调度中心的指令运行。

4）调蓄泵站：调蓄泵站又称水库泵站，是在配水系统中，设有调节水量的水池、提升水泵机组和附属设施的泵站。该泵站的功能相当于一个供水水源。

（4）输水管渠

输水管渠是将大量的水从一处输送到另一处的通道。一般常指将原水从取水水源输送到水厂的（水源水）输水管渠。显然，无论取水构筑物距离水厂多远，原水输水管渠都是必需的。

当水厂距离供水区域有一段距离的时候，可采用专用的输水管把水厂处理后的水输送到供水区域，该输水管一般称为清水输水管。有的城市水厂二级泵站与水厂分开建设，二级泵站和清水池建造在靠近城市一端，这种单独设置和运行管理的二级泵站和清水池接受管网调度中心的指定运行，常称为"配水厂"。

（5）管网

管网是建造在城市供水区域内的向用户配水的管道系统。其任务是将清水输送和分配到供水区域内的各个用户。

（6）调节（调蓄）构筑物

调节构筑物一般设计成各种类型的容积式储水构筑物，通常包括：

1）清水池：在供水系统流程中设置在水厂处理构筑物与二级泵站之间，调节水厂制水量与供水量之间差额的水池，主要任务是调节水处理构筑物的出水流量和二级泵站供水流量之间的差额，储存供水区域的消防用水，有时还提供水处理工艺所需的一部分水厂自用水量。

2）水塔和高位水池：水塔是设置在城市供水管网之中，高出地面一定高度，有支撑设施的储水构筑物。主要任务是调节二级泵站供水流量和管网实际用水量之间的差异，并补充部分用户的消防用水。高位水池是利用供水区域的地形条件，建设在高程较高地面上的储水构筑物，其和水塔具有相同的功能作用。

设置水塔或高位水池以后，管网中用户的供水水压能保持相对稳定。当水塔或高位水池向管网供水的时候，其功能也相当于一个供水水源。

设置了水塔（高位水池）的管网扩建不便，因为管网扩建以后通常要提高水厂的供水压力，有可能造成管网中已建的水塔溢水。所以一般水塔或高位水池只用于发展有限的小型管网，例如小城镇和一些工矿企业的管网系统。

城市管网中设置的调蓄泵站可以看成是一座设在地面上的水塔。泵站调蓄水池相当于水塔的容积，泵站供水压力相当于水塔水位标高。

泵站、输水管渠、管网和调节构筑物总称为输配水系统。在给水系统中，输配水系统所占的投资比例和运行费用比例最大。

（7）排泥水处理构筑物

水厂絮凝池、沉淀池排泥水含泥量较高，一般应设置排泥池将其接收后再输送到污泥浓缩池。而滤池冲洗水含泥量较低，通常应设置排水池，上清液回用或排放，下部沉泥排入排泥池并输入污泥浓缩池。经浓缩池处理后，上清液回用或排放。浓缩污泥排入污泥平衡池，经调节流量再送入污泥脱水间，污泥脱水分离液可直接排放或回流到排泥池。经脱水后的泥饼外运、填埋、烧砖或做其他原料。

3. 给水系统的选择和影响因素

（1）给水系统的选择

给水系统的选择在给水工程设计中具有重要意义。系统选择的合理与否将对整个工程的造价、运行费用、供水安全性、施工难易程度和管理工作量产生重大影响。给水系统的选择内容包括水源和取水方式的选择、水厂规模和建造位置、输水路线和增压泵站的位置、管网定线和调蓄构筑物的布置等。在给水系统的布置工作中要综合考虑城市总体规划、水源条件、地形地质条件、已有供水设施情况、用水需求、环境影响、施工技术、管理水平、工程数量、建设速度、资金筹措情况等多方面的因素，一般要求进行详细的技术经济比较以后才能确定适应近期、远期发展且相对合理的给水系统选择方案。

图 3-1 为最常见的以地表水为水源的给水系统布置形式。该给水系统中的取水构筑物（1）从江河取水，经一级泵站（2）送往水处理构筑物（3），处理后的清水贮存在清水池（4）中。二级泵站（5）从清水池取水，经管网（6）供应用户。有时，为了调节水量和保持管网的水压，可根据需要建造水库泵站、高位水池或水塔（7）。在图 3-2 中，如果取水构筑物和水处理构筑物靠在一起，则从取水构筑物到二级泵站都属于水厂的范围。

给水系统的选择并不一定要包括其全部的 7 个主要组成部分，根据不同的状况可有不同的布置方式。例如以地下水为水源的给水系统中，由于水源水质良好，一般可以省去水处理构筑物而只需加消毒处理，给水系统大为简化，如图 3-2 所示。图中水塔（4）并非必需，可视城市规模大小而定。

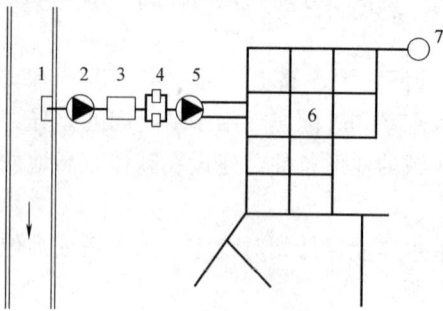

图 3-1 地表水源给水系统
1—取水构筑物；2—一级泵站；3—水处理构筑物；4—清水池；5—二级泵站；6—管网；7—调节构筑物

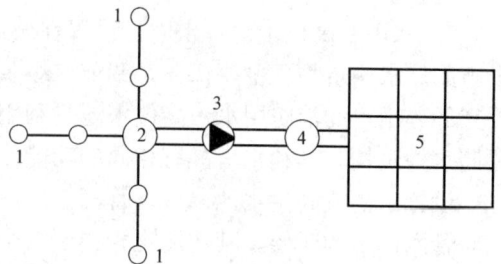

图 3-2 地下水源给水系统
1—管井群；2—集水池；3—泵站；4—水塔；5—管网

图 3-1 和图 3-2 所示的系统为统一给水系统，即用同一系统供应生活、生产和消防等各种用水，绝大多数城市采用这种系统。

在城市给水中，工业用水量往往占较大的比例。当用水量较大的工业企业相对集中，并且有合适水源可以利用时，经技术比较和经济分析后，可独立设置工业用水给水系统，即考虑按水质要求分系统（分质）给水。分系统给水，可以是同一水源，经过不同的水处理过程和管网，将不同水质的水供给各类用户；也可以是不同的水源，例如地表水经简单沉淀后，可供工业生产用水，如图3-3中虚线所示；地下水经消毒后供生活用水，如图3-3中实线所示。

采用多水源供水的给水系统在事故时有利于相互调度；因地形高差大或城市给水管网比较庞大，各区相隔较远，水压要求不同可用分系统（分压）给水，如图3-4所示的管网。由同一泵站（3）内的不同水泵分别供水到水压要求高的高压管网（4）和水压要求低的低压管网（5），有利于减少能量消耗。

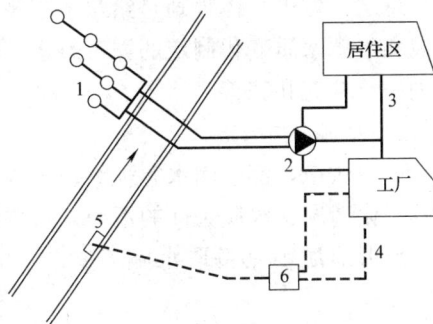

图3-3　分质给水系统
1——管井；2——泵站；3——生活用水管网；
4—生产用水管网；5—取水构筑物；
6—工业用水处理构筑物

当水源地与供水区域有地形高差可以利用时，应对重力输配水和压力输配水系统进行技术经济比较，择优选用；当给水系统采用区域供水，向范围较广的多个城镇供水时，应对采用原水输送或清水输送管路的布置以及调节池、增压泵站等构（建）筑物的设置，作多方案技术经济比较后确定。

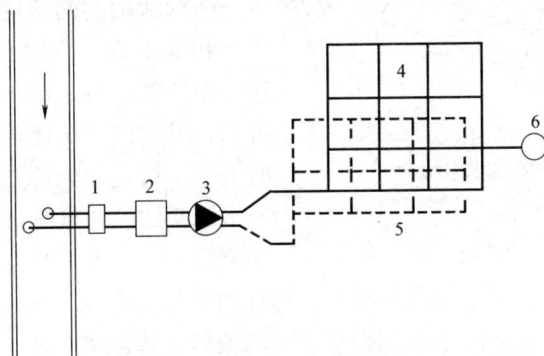

图3-4　分压给水系统
1—取水构筑物；2—水处理构筑物；3—泵站；4—高压管网；5—低压管网；6—水塔

采用统一给水系统或分系统给水，要根据地形条件，水源情况，城市和工业企业的规划，水量、水质和水压要求，并考虑原有给水工程设施条件，从全局出发，通过技术经济比较决定。

（2）影响给水系统选择的因素

影响给水系统选择的主要因素包括以下方面：

1）城市规划

城市规划确定了城市的发展规模、城市功能分区和城市动态发展计划，同时又确定了某些与给水系统设计密切相关的数据和标准。如规划人口数、工业生产规模、建筑标准等。城市建设规划在时间上的分期发展规划，是给水系统的选择和分期建设规划的依据。

总之，城市总体规划是给水工程规划的基础和技术比较、经济分析的依据。根据城市发展和水源水质变化制定的城市给水工程规划既要符合城市规划的基本要求，又要对城市规划进行补充和完善。

2）水源

任何城市，都会因水源种类、水源分布位置，包括水源地的取水水位标高、水源水文及其变化情况、水质条件的不同，影响到取水构筑物的施工和给水系统选择。例如，取水口的地形地质不具备取水施工要求，需要另选取水位置时，将直接影响到给水系统的布置。

当地下水比较丰富时，则可在城市上游或在给水区内开凿管井或大口井，井水经消毒后，由泵站加压送入管网，供用户使用。

如果水源处于适当的高程，能借重力输水，则可省去一级泵站或二级泵站，或同时省去一、二级泵站。城市附近山上有泉水时，建造泉室供水的给水系统最为简单经济。取用蓄水库水源水时，也有可能利用高程以重力输水，输水能耗费用可以节约很多。

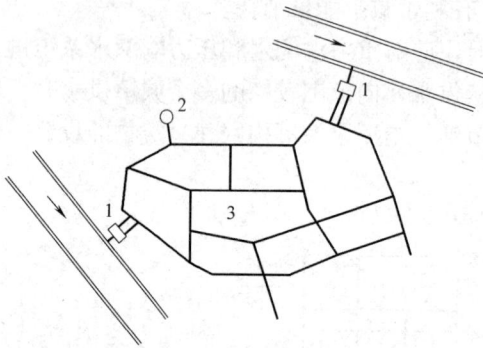

以地表水为水源时，一般从流经城市或工业区的河流上游取水。城市附近的水源丰富时，往往随着用水量的增长而逐步发展成为多水源给水系统，从不同位置向管网供水，见图3-5。它可以从几条河流取水，或从一条河流的不同部位取水，或同时取用地表水和地下水，或取不同地层的地下水等。这种系统的特点是便于分期发展，供水比较可靠，管网内水压比较均匀。虽然随着水源的增多，设备和管理工作相应增加，但与单一水源相比，通常是经济、合理的，供水的安全性亦可大大提高。

图3-5 多水源给水系统
1—水厂；2—水塔；3—管网

随着国民经济发展，用水量越来越大，水体污染日趋严重，很多城市或工矿企业因附近缺乏水质较好、水量充沛的水源，必须采用跨流域、远距离取水。这不仅增加了给水工程的投资，而且也增加了工程难度。

3）地形地貌

主要指从水源到城市以及城市规划区域一带的地形、地貌和地物分布情况。结合城市规划，地形地貌主要影响输水管线路、水厂位置、调蓄构筑物和泵站的设置、配水管网的布局分区等。中小城市如地形比较平坦，而工业用水量小、对水压又无特殊要求时，可用统一给水系统；大中城市被河流分隔时，两岸工业和居民用水一般先分别供给，自成给水系统，随着城市的发展，再考虑将两岸管网相互沟通，成为多水源的给水系统；地形起伏较大或城市各区相隔较远时比较适合采用分区给水系统。当水源地与供水区域有地形高差可以利用时，应对重力输配水和加压输配水系统进行经济比较，择优选用。

取用地下水时，可根据就近凿井取水的原则，采用分地区供水的系统。这种系统投资省，便于分期建设；地形、地貌还影响工程施工的难易，从而影响到系统的选择。

4）其他因素

影响给水系统布置的其他因素还包括：供电条件、占用土地和拆迁情况、水厂排水条件以及建设投资等。其中，不间断供水的泵房应设两个外部独立电源。同时，应充分考虑原有设施和构筑物的利用。

第二节 净水工艺

1. 混凝

（1）混凝机理

水处理中的混凝过程比较复杂，不同种类型的混凝剂以及同种类混凝剂在不同的水质条件下，混凝作用机理都有所不同。但看法比较一致的是，混凝剂对水中胶体粒子的混凝作用有 3 种：电性中和、吸附架桥和卷扫作用。这 3 种作用机理究竟以何种为主，取决于混凝剂类和投加量、水中胶体粒子性质、含量以及水的 pH 值等。3 种作用机理有时会同时发生，有时仅其中 1～2 种机理发挥作用。

1）电性中和作用机理

根据胶体颗粒聚集理论，要使胶粒通过布朗运动碰撞聚集，必须降低或消除排斥能峰。吸引势能与胶粒电荷无关，它主要取决于构成胶体的物质种类尺寸和密度。对于一定水源的水质，水中胶体特性基本不变。因此，降低或者消除 ξ 电位，会降低排斥能峰，减小扩散层厚度，使两胶粒相互靠近，更好地发挥吸引势能作用。向水中投加电解质（混凝剂）可以达到这一目的。

水中的黏土胶体颗粒表面带有负电荷（ξ 电位），和扩散层包围的反离子电荷总数相等，符号相反。向水中投加一些带正电荷的离子，即增加反离子的浓度，可使胶粒周围较小范围内的反离子电荷总数和 ξ 电位值相等，则可压缩扩散层厚度。如果向水中投加高化合价带正电荷的电解质，即增加反离子的强度，则可使胶粒周围更小范围内的反离子电荷总数就会和 ξ 电位平衡，也就进一步压缩了扩散层厚度。

当投加的电解质离子吸附在胶粒表面时，胶体颗粒扩散层厚度会变得很小，ξ 电位会降低，甚至于出现 $\xi=0$ 的等电状态，此时排斥势能消失。实际上，只要电位降至临界电位 ξ_K 时，$E_{max}=0$。这种脱稳方式被称为压缩双电层作用。

在混凝过程中，有时投加高化合价电解质，会出现胶粒表面所带电荷符号反逆重新稳定（再稳）现象。试验证明，当水中铝盐投量过多时，水中原来带负电荷的胶体可变成带正电荷的胶体。在水处理中，一般均投加高价电解质（如三价铝或铁盐）或聚合离子。以铝盐为例，只有当水的 pH 值<3 时，$[Al(H_2O)_6]^{3+}$ 才起到压缩扩散（双电）层作用；当 pH 值>3 时，水中便出现聚合离子及多核羟基配合物。这些物质往往会吸附在胶核表面，分子量越大，吸附作用越强。

带正电荷的高分子物质和带负电荷胶粒吸附性很强。如分子量不同的两种高分子电解质同时投入水中，分子量大者将优先被胶粒的吸附。如果不同时投入水中，而是先投加分子量低者，吸附后再投入分子量高的电解质，会发现分子量高的电解质将慢慢置换出分子量低的电解质。这种分子量大、正电荷价数高的电解质优先涌入到吸附层表面中和电位的原理称为"吸附-电性中和"作用。在给水处理中，天然水体的 pH 值通常总是大于 3，而投加的混凝剂多是带高价正电荷的电解质，则压缩双电层作用就会显得非常微弱了。实际上，吸附-电性中和的混凝过程中，包含了压缩双电层作用。

2）吸附架桥作用机理

不仅带异性电荷的高分子物质具有强烈吸附作用，不带电荷甚至带有与胶体同性电荷的高分子物质与胶粒也有吸附作用。当高分子链的一端吸附了某一胶粒，另一端又吸附了另一胶粒，可形成"胶粒-高分子-胶粒"的絮凝体，如图 3-6 所示。高分子物质在这里起到了胶粒与胶粒之间相互结合的桥梁作用，故称吸附架桥作用。高分子物质性质不同，吸附力的性质和大小也不同。当高分子物质投量过多时，将产生"胶体保护"现象，如图 3-7 所示。即认为：当全部胶粒的吸附面均被高分子覆盖以后，两胶粒接近时，就会受到高分子的阻碍而不能聚集。这种阻碍来源于高分子之间的相互排斥。排斥力可能来源于"胶粒-胶粒"之间高分子受到压缩变形（像弹簧被压缩一样）而具有的排斥势能，也可能来源于高分子之间的电性斥力（对带电高分子而言）或水化膜。因此，高分子物质投量过少不足以将胶粒架桥连接起来，投量过多又会产生胶体保护作用。最佳投量应是既能把胶粒架桥连接起来，又可使絮凝起来的最大胶粒不易脱落。根据吸附原理，胶粒表面高分子覆盖率等于 1/2 时絮凝效果最好。但在实际水处理中，胶粒表面覆盖率无法测定，故高分子混凝剂投加量通常由试验决定。

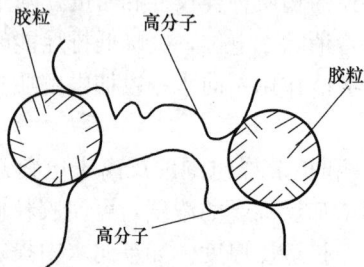

图 3-6　架桥模型示意　　　　　图 3-7　胶体保护示意

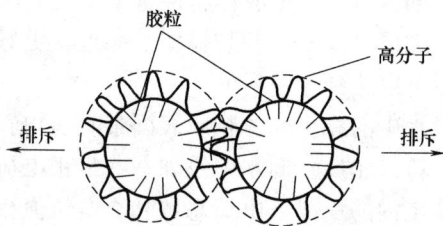

起架桥作用的高分子都是线性分子且需要一定长度。长度不够不能起粒间架桥作用，只能被单个分子吸附。显然，铝盐的多核水解产物，其分子尺寸都不足以起粒间架桥作用，只能被单个分子吸附发挥电中和作用。而中性氢氧化铝聚合物 $[Al(OH)_3]_n$ 则可能起到架桥作用。

不言而喻，若高分子物质为阳离子型聚合电解质，它具有电性中和及吸附架桥双重作用；若为非离子型（不带电荷）或阴离子型（带负电荷）的聚合电解质，只能起粒间架桥作用。

3）网捕或卷扫作用机理

当铝盐或铁盐混凝剂投量很大而形成氢氧化物沉淀时，可以网捕、卷扫水中胶粒，进而产生沉淀分离，此为网捕或卷扫作用。这种作用基本上是一种机械作用，所需混凝剂量与原水杂质含量成反比，即原水中胶体杂质含量少时，所需混凝剂多，水中胶体杂质含量多时，所需混凝剂少。

（2）混凝剂和助凝剂

1）混凝剂

为了促使水中胶体颗粒脱稳以及悬浮颗粒相互聚结，常投加一些化学药剂，这些药剂统称为混凝剂。按照混凝剂在混凝过程中的不同作用，可分为凝聚剂、絮凝剂和助凝剂。习惯上，把凝聚剂、絮凝剂都称作混凝剂。

应用于饮用水处理的混凝剂应符合以下基本要求：混凝效果好；对人体无害；使用方便；货源充足；价格低廉。

混凝剂种类很多，有几百种。按化学成分，可分为无机和有机两大类。按分子量大小，又分为低分子无机盐混凝剂和高分子混凝剂。无机混凝剂品种很少，目前主要是铁盐和铝盐及其聚合物，在水处理中用的最多。有机混凝剂品种很多，主要是高分子物质，但在水处理中的应用比无机的少。

① 硫酸铝：硫酸铝有固、液两种形态，我国常用的是固态硫酸铝。固态硫酸铝产品有精制和粗制之分。精制硫酸铝为白色结晶体，与粗制硫酸铝的相对密度约为 1.62，Al_2O_3 含量不小于 15%，不溶杂质含量不大于 0.5%，价格较贵。

固态硫酸铝是由液态硫酸铝浓缩和结晶而成，其优点是运输方便。如果水厂附近就有硫酸铝混凝剂生产厂家，最好采用液态，可节省生产运输费用。

② 聚合铝：聚合铝包括聚（合）氯化铝（PAC）和聚（合）硫酸铝（PAS）等。目前使用最多的是聚（合）氯化铝，我国也是研制聚（合）氯化铝较早的国家之一。

③ 三氯化铁：三氯化铁 $FeCl_3 \cdot 6H_2O$ 是黑褐色的有金属光泽的结晶体。固体三氯化铁溶于水后的化学变化和铝盐相似，水合铁离子 $Fe(H_2O)_6^{3+}$ 也会进行水解，有聚合反应。多数情况下，三价铁适用的 pH 值范围较广，氯化铁腐蚀性较强，且固体产品易吸水潮解，不易保存。

④ 硫酸亚铁：硫酸亚铁 $FeSO_4 \cdot 7H_2O$ 固体产品是半透明绿色结晶体，俗称绿矾。硫酸亚铁在水中离解出的是二价铁离子 Fe^{2+}，水解产物只是单核配合物，不具有 Fe^{3+} 的优良混凝效果。同时，Fe^{2+} 会使处理后的水带色，特别是当 Fe^{2+} 与水中有色胶体作用后，将生成颜色更深的溶解物。所以，采用硫酸亚铁作混凝剂时，应将二价铁 Fe^{2+} 氧化成三价铁 Fe^{3+}。

⑤ 聚合铁：聚合铁包括聚（合）硫酸铁（PS）和聚（合）氯化铁（PFC）。聚（合）氯化铁目前尚在研究之中。聚（合）硫酸铁已投入生产使用。

⑥ 复合型无机高分子：聚合铝和聚合铁虽属于高分子混凝剂，但聚合度不高，远低于有机高分子混凝剂，且在使用过程中存在一定程度水解反应的不稳定性。为了提高无机高分子混凝剂的聚合度，近年来国内外专家研究开发了多种新型无机高分子混凝剂-复合型无机高分子混凝剂。目前，这类混凝剂主要是含有铝、铁、硅成分的聚合物。所谓"复合"，就是指两种以上具有混凝作用的成分和特性互补集中于一种混凝剂中。例如，用聚硅酸与硫酸铝复合反应，可制成聚硅硫酸铝（PSiAS）。这类混凝剂的分子量较聚合铝或聚合铁大（可达 10 万道尔顿以上），且当各组分配合适当时，不同成分具有优势互补作用。

由于复合型无机高分子混凝剂混凝效果优于无机盐和聚合铁（铝），其价格较有机高分子低，故有广阔的开发应用前景。目前，已有部分产品投入生产应用。

⑦ 有机高分子混凝剂：有机高分子混凝剂又分为天然和人工合成两类。在给水处理中，人工合成的日益增多。这类混凝剂均为巨大的线性分子。每一大分子由许多链节组成且常含带电基团，故又被称为聚合电解质。实际上，该混凝剂是发挥吸附架桥作用的絮凝

剂。按基团带电情况，可分为以下 4 种：凡基团离解后带正电荷者称为离子型，带负电荷者称为阴离子型，分子中既含正电基团又含负电基团者称为两性型，分子中不含可离解基团者称为非离子型。水处理中常用的是阳离子型、阴离子型和非离子型 3 种高分子混凝剂，两性型使用极少。

非离子型高分子混凝剂主要品种是聚丙烯酰胺（PAM）和聚氧化乙烯（PEO）。前者是使用最为广泛的人工合成有机高分子混凝剂（其中，包括水解产品）。

2）助凝剂

当单独使用混凝剂不能取得较好的混凝效果时，常常需要投加一些辅助药剂，以提高混凝效果，这种药剂称为助凝。常用的助凝剂多是高分子物质。其作用往往是为了改善絮凝体结构，促使细小而松散的颗粒聚结成粗大、密实的絮凝体。助凝剂的作用机理是高分子物质的吸附架桥作用。例如，对于低温低浊度水的进行处理时，采用铝盐或铁盐混凝剂形成的絮粒往往细小松散，不易沉淀。而投加少量的活化硅酸助凝剂后，絮凝体的尺寸和密度会明显增大，沉速加快。一般自来水厂使用的助凝剂有：骨胶、聚丙烯酰胺及其水解聚合物、活化硅酸、海藻酸钠等。

从广义上而言，凡提高混凝效果或改善混凝剂作用的化学药剂都可称为助凝剂。例如，当原水碱度不足、铝盐混凝剂水解困难时，可投加碱性物质（通常用石灰或氢氧化钠）以促进混凝剂水解反应；当原水受有机物污染时，可用氧化剂（通常用氯气）破坏有机物干扰；当采用硫酸亚铁时，可用氯气将亚铁 Fe^{2+} 氧化成高铁 Fe^{3+} 等。这类药剂本身不起混凝作用，只能起辅助混凝作用，与高分子助凝剂的作用机理是不相同的。有机高分子聚丙烯酰胺既能发挥助凝作用，又能发挥混凝作用。

（3）影响混凝效果的主要因素

影响混凝效果的因素比较复杂，其中包括水温、水化学特性、水中杂质性质和浓度以及水力条件等。

1）水温影响

水温对混凝效果有明显的影响。我国气候寒冷地区，冬季从江河水面以下取用的原水受地面温度影响，到达水处理构筑物时，水温有时低达 0～2℃。通常，絮凝体形成缓慢，絮凝颗粒细小、松散。其原因主要有以下几点：无机盐混凝剂水解是吸热反应，在低温水中混凝剂水解困难；低温水的黏度大，使水中杂质颗粒布朗运动强度减弱，颗粒迁移运动减弱，碰撞机率减少，不利于胶粒脱稳凝聚。同时，水的黏度大时，水流剪力增大，也会影响絮凝体的成长；水温低时，胶体颗粒水化作用增强，妨碍胶体凝聚。而且水化膜内的水由于黏度和密度增大，影响了颗粒之间黏附强度。为提高低温水的混凝效果，通常可增加混凝剂投加量或投加高分子助凝剂等。

2）水的 pH 值影响

水的 pH 值对混凝效果的影响程度，视混凝剂品种而异。对硫酸铝而言，水的 pH 值直接影响铝盐的水解聚合反应，亦即是影响铝盐水解产物的存在形态。用以去除浊度时，最佳 pH 值在 6.5～7.5 之间，絮凝作用主要是氢氧化铝聚合物的吸附架桥和羟基配合物的电性中和作用；用以去除水的色度时，pH 值宜在 4.5～5.5 之间。有试验数据显示，在相同除色效果下，原水 pH＝7.0 时的硫酸铝投加量，约比 pH＝5.5 时的投加量增加一倍。

采用三价铁盐混凝剂时，由于 Fe^{3+} 水解产物溶解度比 Fe^{2+} 水解产物溶解度小，且氢氧化铁不是典型的两性化合物，故适用的 pH 值范围较宽。

高分子混凝剂的混凝效果受水的 pH 值影响较小。例如聚合氯化铝在投入水中前聚合物形态基本确定，故对水的 pH 值变化适应性较强。

从铝盐（铁盐类似）水解反应可知，其水解过程中不断产生 H^+，从而导致水的 pH 值不断下降，直接影响了铝（铁）离子水解后生成物结构和继续聚合的反应。因此，应使水中有足够的碱性物质与 H^+ 中和，才能有利于混凝。

3）水中悬浮物浓度的影响

从混凝动力学方程可知，水中悬浮物浓度很低时，颗粒碰撞率大大减小，混凝效果差。为提高低浊度原水的混凝效果，通常采用以下措施：①在投加铝盐或铁盐的同时投加助凝剂，如活化硅酸或聚丙烯酰胺等。②投加矿物颗粒（如黏土等），以增加混凝剂水解产物的凝结中心，提高颗粒碰撞速率并增加絮凝体密度。如果矿物颗粒能吸附水中有机物，效果更好，能同时达到去除部分有机物的效果。③采用直接过滤法。即原水投加混凝剂后经过混合直接进入滤池过滤。如果原水浊度低而水温又低，即通常所称的"低温低浊"水，混凝更加困难，应同时考虑水温浊度的影响，这是人们一直关注的研究课题。

如果原水悬浮物含量过高，如我国西北、西南等地区洪水季节的高浊度水源水，为使悬浮物达到吸附电中和脱稳作用，所需铝盐或铁盐混凝剂量将相应地大大增加。为减少混凝剂用量，通常会投加高分子助凝剂。

近年来，取用水库水源的水厂越来越多，出现了原水浊度低、碱度低的现象。此时调碱度，投加石灰水，选用高分子混凝剂及活化硅酸具有明显的混凝效果。

2. 沉淀、澄清和气浮

（1）沉淀

沉淀是水处理工艺中最普遍、最古老而有效的基本方法之一。水中杂质从流体中分离出来单独依靠自然力的作用，或以重力和沉降颗粒的自然聚集，这种过程称为普通沉淀。当通过投加化学药剂或其他物质，以诱导或促进分散的细菌悬浮物得以聚集而沉淀，这种过程称为化学沉淀。原水加混凝剂后，经过混凝反应，水中胶体杂质凝聚成较大的矾花颗粒，可进一步在沉淀池、澄清池中去除。目前常用的沉淀池和澄清池有：平流式沉淀池、斜板斜管沉淀池、悬浮澄清池、脉冲澄清池、机械加速澄清池、水力循环澄清池。

1）沉淀原理

根据悬浮颗粒的浓度和颗粒特性，其从水中沉降分离的过程分为以下几种基本形式：

① 分散颗粒自由沉淀：即悬浮颗粒浓度不高，下沉时彼此没有干扰，颗粒相互碰撞后不产生聚结，只受到颗粒本身在水中的重力和水流阻力作用的沉淀。在含泥砂量小于 5000mg/L 的天然河流水中泥砂颗粒具有自由沉淀的性质。

② 絮凝颗粒自由沉淀：即经过混凝后的悬浮颗粒具有一定絮凝性能，颗粒相互碰撞后聚结，其粒径和质量逐渐增大，沉速随水深增加而加快的沉淀。

③ 拥挤沉淀：又称分层沉淀，当水中悬浮颗粒浓度大（一般大于 15000mg/L），在下沉过程中颗粒处于相互干扰状态，并在清水、浑水之间形成明显界面层整体下沉，故又称为界面沉降。

④ 压缩沉淀：即为污泥浓缩，指沉降到沉淀池底部的悬浮颗粒组成网状结构絮凝体，

在上部颗粒的重力作用下挤出空隙水得以浓缩的沉淀。网状结构絮凝体的组成和水中杂质的成分有关，不再按照颗粒粒径大小分层。

水中悬浮颗粒浓度较低，沉淀时不受池壁和其他颗粒干扰的沉淀称为自由沉淀。如低浓度的除砂预沉池属于这种沉淀。

2）平流沉淀池

平流式沉淀池（图 3-8）是最常见的，也是历史最悠久的一种沉淀设备。池子外形是长方形，多采用钢筋混凝土或砖石建造。由于构造简单，造价较低，操作管理方便，处理效果稳定，适应水量、水质变化，并有长期运转经验，故深受操作工人欢迎。

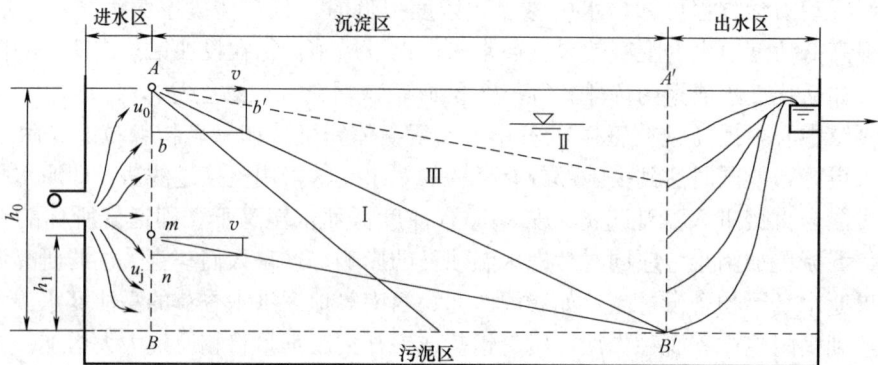

图 3-8　平流沉淀池示意

平流式沉淀池工艺流程为经过混凝处理后的原水，不断进入沉淀池，水平流向出口，其中大部分矾花受到水平流速和沉速的合成作用，到达出口前沉积在池底被截留下来，形成污泥，定期排除，少量矾花随水流带出沉淀池。

平流式沉淀池根据其作用分成进水区、沉淀区、存泥区和出水区四部分。

a）进水区：其作用是将反应池内已混凝的原水引入沉淀区。它要求进水均匀地分布在沉淀池整个断面内，务必使水流的流线水平且平行，力求避免股流和偏流。同时，减少进水的紊动，有利于矾花沉淀和防止存泥冲起。

b）沉淀区：其是沉淀池的主体，沉淀作用就在这里进行。

c）存泥区：用于积存下沉的污泥，以便用人工或机械设备及时加以清除。

d）出水区：收集沉淀池净水送往滤池，要求沉淀水均匀流入出水渠，尽量避免出水堰负荷过大，把矾花带出池子，即所谓"跑矾花"。尽可能收集沉淀池表层水，又要防止已沉污泥上浮。

3）斜板、斜管沉淀池

斜板、斜管沉淀池沉淀原理为，从平流式沉淀池内颗粒沉降过程分析和理想沉淀原理可知，悬浮颗粒的沉淀去除率仅与沉淀池沉淀面积有关，而与池深无关。在沉淀池容积一定的条件下，池深越浅，沉淀面积越大，悬浮颗粒去除率越高。此即"浅池沉淀原理"。

在斜板沉淀池中，按水流与沉泥的相对运动方向，可分为上向流、同向流和侧向流三种形式。而斜管沉淀池只有上向流、同向流两种形式。水流自下而上流出，沉泥沿斜管、斜板壁面自动滑下，称为上向流沉淀池。水流水平流动，沉泥沿斜板壁面滑下，称为侧向流斜板沉淀池。上向流斜管沉淀池和侧向流斜板沉淀池是目前常用的两种基本形式。

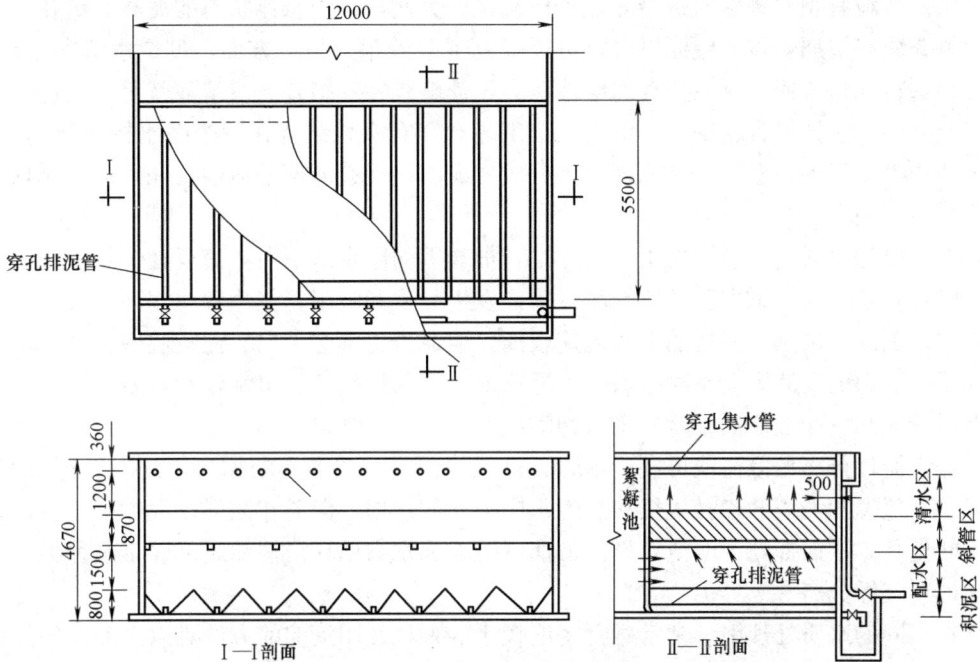

图 3-9　斜管沉淀池示意

斜板（或斜管）沉淀池沉淀面积是众多斜板（或斜管）的水平投影和原沉淀池面积之和，沉淀面积很大，从而减小了截留速度。又因斜板（或斜管）湿周增大，水流状态为层流，更接近理想沉淀池。

4）辐流式沉淀池

在处理高浊度水和某些高浓度污水的沉淀构筑物时，其关键技术在于沉淀泥渣的排除。辐流式沉淀池具有排泥方便的特点，又可作为高浓度泥沙原水的污泥浓缩池。

辐流式沉淀池无论用于给水处理还是污水处理，其沉淀原理、设计计算方法基本相同，只是水中悬浮物性质有所差别。前者是天然水中泥沙，后者是污水中的悬浮物。在设计参数的选用（如表面负荷、沉淀时间等）和一些细部设计上有所不同，应根据原水水质确定。

5）预沉池和沉砂池

当高浊度水源水中泥沙含量高且粒径大于 0.03mm 的颗粒占有较大比例时，容易淤在絮凝池和沉淀池底部难以清除、通常采用预沉处理。

常用的预沉池有两种形式：一是结合浑水调蓄用的调蓄池，同时作为预沉池；二是辐流式预沉池。调蓄预沉池容积根据河流流量变化、沙峰延续时间和积泥体积确定。预沉时间一般在 10d 以上。调蓄预沉池大多不设置排泥系统，采用吸泥船清除积泥。

主要用于去除水中粒径较大的泥沙颗粒的沉淀构筑物被称为沉砂池。

给水处理中所需去除的泥沙来自天然水源，粒径较小，一般在 0.1mm 以上，沙粒表面附着的有机物很少，采用平流式沉沙池或水力旋流沉砂池即可，不采用曝气沉砂池。

（2）澄清

从生产实践中可知，原水加上混凝剂，在消除了水中杂质颗粒之间的电性斥力之后，还必须使颗粒有相互碰撞的机会才能进行凝聚。为此，得用悬浮状态的泥渣（矾花）层作为接触介质来增加颗粒的碰撞机会，可以提高混凝效果。另一方面，创造水流的紊动性，也可使颗粒加快碰撞，克服残存的电性斥力，使颗粒相互结合。澄清池就是在上述基础上发展起来的，它把混合、反应、沉淀三个工艺过程有机地结合在一个净水构筑物内完成。澄清池的类型很多，根据工作原理，可分成"泥渣接触过滤型澄清池"和"泥渣循环分离型澄清池"两类。

泥渣接触过滤型澄清池的工作情况是，加药后的原水从下向上流至处于悬浮状态的泥渣（矾花）层，水中杂质和泥渣颗粒碰撞，发生凝聚和吸附，泥渣颗粒逐渐增大，沉速随着增加。因此，虽然澄清池的上升流速较高，但泥渣也不会带出。泥渣层中已经失去了吸附和凝聚能力的泥渣则会及时排除，使澄清池始终保持较高的出水量和水质。目前使用的悬浮澄清池和脉冲澄清池，就属于这种类型。

泥渣循环分离型澄清池可利用水力、机械使泥渣在池内不断循环，泥渣循环过程中，可以更好地发挥泥渣的接触凝聚和吸附水中杂质的作用。泥渣在循环过程中颗粒变大，沉速不断提高，从而提高了澄清效果。加速澄清池和水力循环澄清池就是属于这种类型。

（3）气浮分离

在不同的水质处理中，常常碰到密度较小的颗粒，用沉淀的方法难以去除。如能因势利导向水中充入气泡，粘附细小微粒，则能大幅降低带气微粒的密度，使其随气泡一并上浮，从而得以去除。这种产生大量微细气泡粘附于杂质、絮粒之上，将悬浮颗粒浮出水面而去除的工艺，称为气浮分离。

气浮工艺在分离水中杂质的同时，还伴随着对水的曝气、充氧，对微污染及嗅味明显的原水，更显示出其特有的效果。向水中通入空气或减压释放水中的溶解气体，都会产生气泡。水中杂质或微絮凝体颗粒粘附微细气泡后，形成带气微粒。因为空气密度仅为水密度的 1/775，显然受到水的浮力较大。粘附一定量微气泡的带气微粒，上浮速度远远大于下沉速度，粘附气泡越多，上浮速度越大。

其与沉淀池、澄清池相比，气浮工艺具有如下特点：经混凝后的水中细小颗粒周围粘附了大量微细气泡，很容易浮出水面，所以对混凝要求可适当降低，有助于节约混凝剂投加量；排出的泥渣含固率高，便于后续污泥处理；池深较浅、构造简单、操作方便，且可间歇运行；溶气罐溶气率和释放器释气率在 95% 以上；可去除水中 90% 以上藻类以及细小悬浮颗粒；需要配套供气、溶气装置和气体释放器。

带气微粒上浮过程和自由沉淀过程相似，其上浮速度的大小，同样与其本身重力受到水的浮力、阻力大小有关。大多数的微小气泡直径在 $100\mu m$ 以下，带气微粒直径在 $50\mu m$ 以下，其上浮时，周围水流雷诺数 $k < 1$。因此，上浮速度适用于斯托克斯公式（Stockes）。

气泡与水中杂质、絮凝微粒的粘附作用和水中杂质、絮粒性质有关，憎水性颗粒容易粘附气泡。经脱稳后的絮凝颗粒水化膜厚度越小，越有利于和气泡结合。通常出现多气泡撞入颗粒群体中间及粘附在颗粒周围的现象，使整个颗粒群体在上浮过程中处于稳定状态，上浮至水面后成为泥渣，不易下沉，从而起到共聚作用。

向水中通入空气，使其形成微细气泡并扩散于整个水体的过程称为曝气。按照曝气形式，气浮池分为两大类：一类是分散空气气浮池；一类是溶解空气气浮池。分散空气气浮池所产生的气泡直径较大，上浮速度快，扰动水体剧烈，广泛用于矿物浮选、含脂羊毛废水及含有大量表面活性剂废水的泡沫分离处理。

3. 过滤

经过沉淀池或澄清池处理后出来的水比原水清澈，其中大部分杂质颗粒和细菌病毒已被去除，但是还有一部分细小的杂质颗粒，由于沉速慢难于在较短时间内沉于沉淀池内，且某些溶解物及细菌等更难被沉淀池或澄清池所去除。为了满足生活饮用水和某些工业用水的要求，必须用过滤的方法进一步除去水中残留的悬浮颗粒和细菌及病毒，所以说过滤是净化过程中的一个重要环节。

浑水通过砂层可以变清，这是从人们生活经验中得来的，在过滤发展历史上最早用的是慢滤池，后来才发展到快滤池。虽然慢滤池过滤的水质较好，但占地面积大，产水率低，目前国内很少使用。目前，给水工程中使用的快滤池有普通快滤池（简称快滤池）、虹吸滤池、无阀滤池、V形滤池等，其过滤原理完全一样，仅仅是滤池构造型式及运行操作有所不同，在快滤池中，普通快滤池是最早使用的，目前使用仍很普遍。故在此将以普通快滤池作为典型进行分析介绍。

（1）普通快滤池的构造

1）快滤池的构造（图3-10）

快滤池构造分为四大系统：

① 进水系统：进水总管、进水支管和进水渠；

② 过滤系统：滤料层、承托层；

③ 集水系统：清水支管、清水阀门、清水总管；

④ 反冲洗系统：冲洗总管、冲洗支管、冲洗阀门、配水干管、配水支管、反洗排水槽、废水渠、排水阀门。

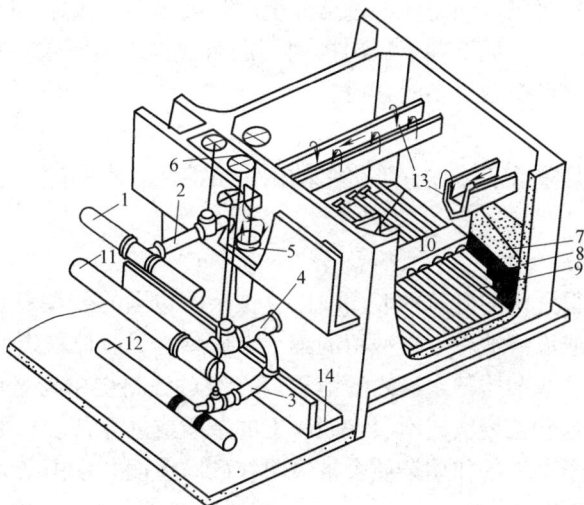

图3-10 普通快滤池构造剖视图

1—进水总管；2—进水支管；3—浑水渠；4—滤料层；5—承托层；6—配水支管；
7—配水干管；8—清水支管；9—清水总管；10—冲洗管支管；11—排水阀；
12—冲洗水总管；13—排水槽；14—废水渠

2）过滤过程

过滤时，开启浑水支管与进水支管的阀门，关闭冲洗水支管阀门和排水阀。浑水经进水总管、进水支管从进水渠流入快滤池，经滤料层（一般由石英砂等组成）、承托层（一般由卵石组成），配水系统的支管汇集起来，配水系统的干管、清水支管、清水总管流往清水池。浑水流经滤料层时，水中杂质即被截留。随着滤料层中杂质数量的逐渐增加，滤料层中水头损失也相应增加，当水头损失增至一定数值以致滤池的产水量减少到不符要求，或由于滤过水水质变坏而不符合要求时，滤池必须进行冲洗。

3）冲洗过程

冲洗时，关闭浑水支管与清水支管的阀门，开启排水阀与冲洗水支管阀门，冲洗水由冲洗水总管、支管，经配水系统的干管、支管再从支管下的许多孔眼流出，由下而上穿过承托层和滤料层，均匀地分布于整个滤池表面。滤料层在由下而上的均匀分布的水流中处于膨胀状态，滤料颗粒洗去了身上的污泥，冲洗下来的污泥被水夹带入洗水槽。再经浑水渠、排水管排入下水道。冲洗一直进行到排出的水较清为止。冲洗结束后滤池开始过滤。从过滤开始到冲洗结束所经历的时间称为快滤池的工作周期，一般为12～24小时，工作周期的长短涉及滤池实际工作时间和所消耗的冲洗水量，直接影响滤水的产水量。因此，快滤池的运行是过滤、冲洗两个过程的主要循环。

（2）过滤原理

滤池能净水，主要取决于滤料层（砂层），滤池一般都用石英砂作滤料层。其原理如下。

1）隔滤作用

浑水经过起着类似"筛子"作用的砂层时，水中悬浮杂质颗粒尺寸较大的首先被截留在孔隙中，于是孔隙变小，而后进入的较小杂质颗粒相继被"筛子"阻留下来。由于滤料是由大小不均匀的砂粒组成，在滤池经过反冲洗后，因水力分选作用，滤料颗粒就会自动地大致按着它们的大小次序从下到上顺次排列，最粗的排在最下层，最细的排在最上层，水经过砂层时上部砂层可截留更多的杂质。

2）沉淀作用

即把滤料层看作是重叠起来的许许多多的微小沉淀池，水中的微小杂质可以沉淀在滤料颗粒上，使水净化。

3）接触凝聚作用

滤料层中排列得很紧密的砂粒的表面或已经被杂质包围的砂粒表面是一个很好的接触介质，那些在沉淀池或澄清池中未被截留的细小杂质颗粒，胶体稳定性早已失去，电性斥力已消失或降低。当这些杂质随水进入滤池以后，经过滤料层中弯弯曲曲的水流孔道时，在水流动力作用下，与砂粒表面或附着在砂粒上的杂质或悬浮杂质有更多的碰撞机会。当碰撞接触时，由于分子引力的作用杂质会被吸附在砂粒上面，水中杂质得到了进一步地去除，水就变清澈了。

根据上面的分析，我们可以看到，所谓"隔滤作用"、"沉淀作用"并不能用以说明快滤池过滤净水的根本原理，快滤池净水作用的主力应该是滤料层中的"接触凝聚作用"，而"隔滤作用"、"沉淀作用"可起到一定辅助作用。

（3）滤料和承托层

1）滤料

滤料是滤池净水的主要因素，因此，滤料的选择是很重要的。石英砂是最早也是当前应用最广泛的滤料。对于滤料，必须符合以下条件：

① 具有足够的机械强度，以防冲洗时滤料颗粒发生严重的磨损和破碎现象。

② 具有足够的化学稳定性，以免在过滤过程中发生溶解于水的现象而引起水质恶化。

③ 能就地取材，价廉。

④ 具有一定的颗粒级配和适当的孔隙率。

所谓滤料颗粒级配，是指滤料大小不同的颗粒所占的比例。滤料颗粒大小用"粒径"表示。"粒径"是指把滤料颗粒包围在内的一个假想的小球体直径，通常以不同网孔尺寸的筛分来衡量。

滤料层孔隙率是指滤料孔隙体积与整个滤层体积（包括滤料体积和孔隙体积在内）的比值。滤料层孔隙率与滤料颗粒大小、形状、均匀程度和压实程度等有关，滤料颗粒越大、越均匀，则孔隙率越大。石英砂孔隙率一般在 0.42 左右。

2）承托层

滤池的承托层一般由一定级配的卵石组成，敷设于滤料层与反冲洗配水系统之间，它的作用有两个：一是支承滤料，防止过滤时滤料从配水系统中流失；二是滤池反冲洗时，使反冲洗水均匀地向滤料层分配，起到均匀布水作用。为此，它必须符合以下要求：第一，反冲洗时承托层应保持不被冲动；第二，要形成均匀的孔隙以造成均匀布水的条件；第三，材料坚固同时不溶解于水。所以，其一般采用天然卵石或碎石。

4. 消毒

经过混凝沉淀、过滤以后的水，有很大一部分细菌、病原菌和其他微生物得到了去除，这是因为水中的细菌、病原菌和其他微生物大多是粘在悬浮颗粒上面，经过混凝沉淀后随着杂质的下沉而除去，还有一部分在通过滤池时被拦截在砂层内。然而，仅仅依靠混凝沉淀、过滤等处理过程，会导致虽然水的物理外观已经很好，但其中还有许多微生物，尤其是病原菌还存在，不能满足卫生要求。为了使水质更好地满足广大人民生活需要，有利于生产的发展，保障人民身体健康，城市给水必须施行消毒，以杀灭流行病病原菌和其他存在于水中的致病性微生物。

水的消毒方法可分为物理消毒和化学消毒两大类。物理方面的有加热法、紫外线法、超声波法等。化学方面的有加氯（包括加漂白粉等）法加臭氧法加重金属离子法等。这些消毒方法各具一定特点，但因加氯法的消毒力强，货源充足而价廉，设备简单，加入水中后能保持一定量的残余浓度，以防再度污染繁殖细菌，且残余浓度检测方便，所以，目前在给水处理中广泛使用加氯法消毒。

（1）氯的性质

氯（Cl_2）在常温常压下是一种黄绿色、具有强烈刺激性的窒息性剧毒气体，在 0℃时，每升氯气重 3.2g，约为空气重的 2.5 倍。当温度低于零下 33.6℃时，氯呈液态，习惯上叫做液氯。氯气在常温下加压至 0.6～0.8MPa 时，会成为液氯。因此，氯气常用特制的钢瓶贮存和运输，使用方便。考虑到生产安全，现在逐步开始使用次氯酸钠来取代液氯。

（2）氯消毒原理

氯在水中的消毒作用可分为两种情况：

1）原水中不含氨氮

氯或次氯酸钠投入水中后发生水解反应如下：

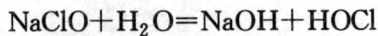

$$Cl_2 + H_2O = HOCl + H^+ + Cl^-$$
$$NaClO + H_2O = NaOH + HOCl$$

生成的次氯酸 HOCl 亦在水中部分离解

$$HOCl = H^+ + OCl^-$$

因此，氯在水中同时存在着对消毒有效的三种形态 Cl_2、HOCl、OCl^-，统称为有效氯，亦称为自由性氯。近代消毒作用观点认为次氯酸 HOCl 是起消毒作用的最主要成分。因为 HOCl 是很小的中性分子，能扩散到带负电的细菌表面，穿透细胞膜而进入细菌内部，氧化破坏细菌赖以新陈代谢的酶系统，使细菌死亡。

2）原水中含氨氮

当原水中含氨氮时，加氯后分步反应生成氯胺，其反应如下：

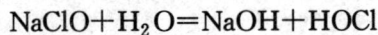

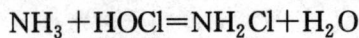

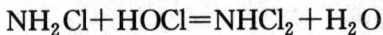

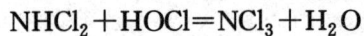

$$Cl_2 + H_2O = HOCl + H^+ + Cl^-$$
$$NaClO + H_2O = NaOH + HOCl$$
$$NH_3 + HOCl = NH_2Cl + H_2O$$
$$NH_2Cl + HOCl = NHCl_2 + H_2O$$
$$NHCl_2 + HOCl = NCl_3 + H_2O$$

上述反应表明，次氯酸 HOCl、一氯胺 NH_2Cl、二氯胺 $NHCl_2$ 和三氯胺 NCl_3 同时存在，其比例决定于加氯量、水中氨氮的含量、pH 值和水温。一般而言，当 pH 值大于9.0 时，一氯胺占绝对优势；当 pH 值为 7.0 时，一氯胺和二氯胺各占一半；当 pH 值小于 6.5 时，主要为二氯胺；当 pH 值小于 4.5 时，主要为三氯胺。就消毒效果而言，水中有氯胺时起消毒作用的物质仍然是次氯酸，这些次氯酸由氯胺与水反应生成。因此，把一氯胺、二氯胺和三氯胺统称为化合性氯，亦称结合氯，它们间接地起消毒作用。因为当水中存在氨氮时，起消毒作用的次氯酸由氯胺水解而得，氯胺水解速度慢，故消毒作用也缓慢，需要较长的接触时间才能杀死细菌。

（3）影响加氯消毒作用的因素

接触时间：当水中余氯一定时，接触时间越多，消毒作用就越好。但接触时间也不能过长，过长则余氯会消失，细菌反而会重新繁殖。一般要求不少于 30 分钟。

投氯量：在同样原水和同样接触时间下，投氯量越大，消毒作用就越强。投氯量大小要求水中保持一定余氯。一般出厂水要求自由性余氯为 0.5mg/L 左右，化合性余氯为1.0～2.0mg/L。

浑浊度：浑浊的水，加氯消毒效果差，因为水中浑浊杂质要消耗一部分氯量，因而降低了杀菌效果。

水温：水温对于自由性氯消毒并无过多影响，但使用氯胺消毒法时，增高水温能加速杀菌。

pH 值：水中 pH 值越高，加氯消毒效果越差。

（4）加氯点

1）按加注地点分

原水加氯：常加注在进水泵前（也有加注在进水泵后）。此时除了达到原水消毒作用外，还破坏了一部分有机物并会杀灭其他微生物和藻类，对促进混凝作用，保养滤池滤料以及降低水色，去除水中铁、锰等物质有很大好处，但原水加氯的耗氯量较大。

滤前加氯：主要是指加注在沉淀池至过滤池之间的位置中，当清水加氯后接触时间受水库容量限制不够时采用。

滤后加氯：加注应在过滤以后，进入清水池之前。目的为杀死混凝沉淀以及过滤后残存的细菌和微生物。它是水处理工艺中不可缺少的最后一个环节。

出厂加氯：加注在清水池以后，出水泵以前，当水在清水池停留时间过长，出厂清水余氯不足以保证管网中阻抑细菌和微生物繁殖时采用。

厂外加氯：加注在供水管网中途。利用水库泵站或增压泵站进行厂外加氯。其目的为有效地确保整个供水管网，尤其是管网末梢余氯符合卫生标准，以保证用户水质安全。

2）按加注次数分

一次加氯：在整个给水系统中，只在适当的地点加一次氯。

多次加氯：在整个给水系统中，选择工艺后在适当位置进行几次加氯，以提高消毒效果。

3）按加注量大小分

一般加氯：氯气加入水中经适当时间接触后，其剂量除消耗于水中细菌、微生物和有机物等作用外，尚保存适量余氯，以抑制细菌和微生物的繁殖。

过量加氯：当原水水质恶化时，常采用折点加氯。

5. 深度处理

随着全世界水环境的日益恶化，人类水源地的污染，以地表水特别是微污染水为水源的净水厂运行经验表明，常规"混凝＋沉淀＋过滤＋消毒"的净水处理工艺已不能完全满足饮用水水质标准，人类用水安全受到威胁，因此逐渐发展了饮用水深度处理技术。相比于传统处理而言，深度处理工艺往往在净水处理的标准处理工艺之后，旨在加强原处理工艺的功能或者清除某些微量污染物。当前，给水深度处理技术在城市水厂中得到了普遍应用，并且积累了大量经验，成为世界各国改善水质的重要技术。下文主要对两种常见的给水深度处理技术臭氧-生物活性炭组合以及超滤净水技术进行了主要分析，并且对这两种技术在具体的城市水厂中的应用情况进行了简要阐述。

（1）臭氧-生物活性炭工艺

臭氧-生物活性炭工艺凭其高效去除水中溶解性有机物和亚硝酸盐及氨氮等污染物、出水优质安全的优势在微污染水源水中得到广泛应用与发展。在我国微污染水源水普遍存在的大环境下，臭氧-生物活性炭技术在饮用水处理技术中前景广阔。

1）原理

臭氧-生物活性炭工艺将臭氧的化学氧化作用、活性炭的物理吸附作用及微生物的降解作用进行有机结合，相互促进。难降解的大分子有机物氧化分解为能被活性炭吸附和微生物吸收的小分子有机物，同时臭氧还原为氧气，提高水中氧含量，为微生物提供了必要的营养源，为好氧微生物创造更好的生长环境，增加活性炭的工作寿命，加快有机物的降解，从而达到去除水中有机物的目的。图3-11为臭氧-生物活性炭工艺实际运行中应用最为广泛的工艺流程。

前置预臭氧能够初步氧化分解水中有机污染物，有效提升后续常规处理工艺效率；主臭

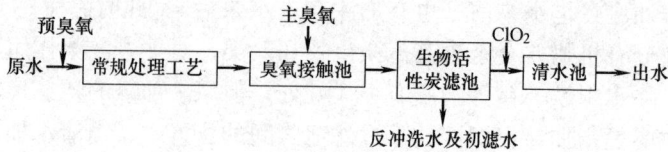

图 3-11　臭氧-生物活性炭工艺流程

氧在常规处理工艺后续的臭氧接触池中进行，进一步提高有机物的氧化降解，并使后续生物活性炭滤池有充足的溶解氧，为微生物提供良好环境；生物活性炭滤池通过表面细菌的微生物降解有机污染物，并对水中残余臭氧及其副产物能够有效吸附，保障饮用水安全。

臭氧-生物活性炭工艺能够充分利用臭氧的强氧化性诱导脱稳吸附于水中颗粒上的有机物，氧化分解大分子有机物，致不饱和键氧化断裂，达到降低水体浊度与色度指标的效果，尤其对分子质量大于 1×10^5 的有机物降解效果更为明显。同时，臭氧-生物活性炭工艺在臭氧氧化有机物的过程中，臭氧还原生成的氧气提高了水中含氧浓度，为活性炭表面附着的好氧微生物提供了充足的氧环境，大幅度提高异养菌和硝化菌去除水中氨氮和亚硝酸盐的效率，对后续去除有机物的可生化性提供有效保障。

2）工艺特点

臭氧-生物活性炭工艺将臭氧氧化与生物活性炭滤池技术进行有机结合，充分利用各自优势，臭氧可消毒并具有强氧化性，臭氧不仅可氧化分解大分子有机物，更可强化活性炭的吸附功能，炭床表面的微生物通过氧化分解有机物不断再生活性炭，三者的共同作用能够有效改善出水水质，对水中氨氮、有机污染物、致癌物及消毒副产物等有良好的去除效果，可确保出水水质稳定性。

臭氧-生物活性炭工艺中，臭氧发挥其三大特点：利用自身强氧化性直接降解水中有机物，减轻后续处理有机物的负荷；把大分子有机物氧化分解为小分子有机物，为后续生物活性炭的吸附降解作用提供良好保障，增强水质可生化性；臭氧可还原生成氧气，增加后续生化工艺水中溶解氧浓度，确保好氧微生物稳定生长。

生物活性炭自身特有的多孔构造，具有很大的比表面积，可对水中溶解性的有机物快速吸附，为活性炭表面生长的微生物提供生长繁殖的可靠保障和必要条件，使其能够有效去除水中浊度、色度、臭味等水质条件，提高用水水质。生物活性炭既具备生物吸附的功能又具备氧化分解的功能，两者互相促进，互相稳定，使水厂活性炭运行时间长，运行成本低，这种独特的工艺优势在国内外必能得到快速发展。

（2）超滤工艺

超滤技术，在我国给水处理以及给水深度处理中的应用，取得了良好的效果，其具有操作简单方便、工作效率高等优点，因此得到了一致好评。

1）原理

超滤处理技术是以压力驱动为主要动力，进行膜分离的过程，在这个过程中进行有机质以及杂质的筛选，同时在压力的作用下，水分必然会从高压侧向低压侧流动，这个时候，水中的大分子以及微粒就会被阻挡下来，进而使得水浓度上升。超滤适用于分离大分子物质、胶体、蛋白质，所分离溶质的分子量下限为几千，所分离组分孔径范围 0.001～0.05μm，有效地去除了水中的悬浮物、胶体、有机物等杂质，是替代活性炭过滤器和多介质过滤器的新一代预处理产品。超滤膜的类型主要有平板超滤膜、管式超滤膜、毛细式超滤膜、中空纤维超滤膜和多孔超滤膜。超滤膜的材料又可以分为有机高分子材料和无机材料两大类，有机高分子材料主要有醋酸纤维素、聚丙烯、聚酰胺和聚砜，也可采用聚醚砜、聚四氟乙烯、聚偏氟乙烯。无机材料主要有陶瓷、金属、玻璃、硅酸盐以及碳纤维。超滤技术的操作压力低，设备投资费用和运行费用低，无相变，能耗低，可有效分离水中的悬浮物、胶体、有机物等杂质，但对金属离子没有任何的去除能力，对小分子量有机物的去除能力较低。

2）工艺特点

超滤的推动力是压力差，通常是 0.1～1MPa，操作压力相对小。与过滤、沉降等方法相比，超滤还具有膜分离技术独有的特点：一是对混合物分离具有高选择性，可截留的相对分子质量范围为 $500～10^6$，而天然水和工业用水中有机物的分子质量大部分也在这个范围；二是分离过程无相变化，能耗低，节省了大量化学试剂；三是应用的规模和处理能力可在较大的范围内变化，设备可实现工业化生产和自动化控制，而不会影响分离效率和运行费用。

第三节　输水和配水工程

1. 供水管网布置

输水和配水系统是保证输水到给水区内并且配水到所有用户的设施。对输水和配水系统的总体要求是：供给用户所需要的水量，保证配水管网有必要的水压，并保证不间断供水。从水源输水到城市水厂的管线和从城市水厂输送到管网的管线，称之为输水管。从清水输水管输水分配到供水区域内各用户的管道为管网。供水管网是给水系统的主要组成部分。它和输水管、二级泵站及调节构筑物（水池、水塔等）具有密切的联系。

（1）布置形式

虽然给水管网有各种各样的布置形式，但其基本布置形式只有两种：即枝状网（图 3-12）和环状网（图 3-13）。

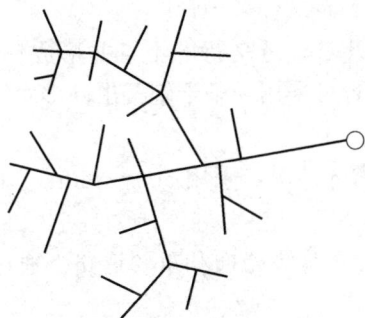

图 3-12　枝状网

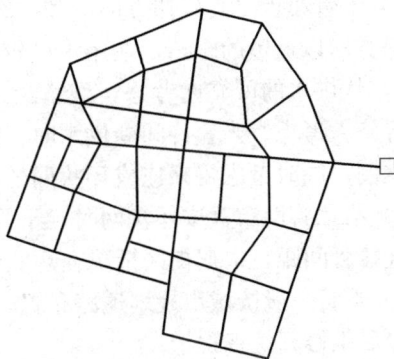

图 3-13　环状网

枝状网是干管和支管分明的管网布置形式。枝状网一般适用于小城市和小型工矿企业。枝状网的供水可靠性较差，因为管网中任一管段损坏时，在该管段以后的所有管段均会断水。另外，在枝状网的末端，因用水量已经很小，管中的水流缓慢，甚至停滞不流动，因此水质容易变坏，有出现浑水和"红水"的可能。从经济上考虑，枝状网投资较少。

环状网是管道纵横相互接通的管网布置形式。对于这类管网，当任一段管线损坏，可以关闭附近的阀门使其与其他管线隔断，进行检修。这时，仍可以从另外的管线供应用户用水，断水的影响范围可以缩小，从而提高了供水可靠性。另外，环状网还可以减轻因水锤作用产生的危害，而在枝状网中，往往会因此而使管线损坏。从投资角度考虑，环状网明显高于枝状网。

城镇配水管网宜设计成环状，当允许间断供水时，可以设计成枝状，但应考虑将来连成环状管网的可能。一般在城市建设初期可采用枝状网，以后随着供水事业的发展逐步连成环状网。实际上，现有城市的给水管网，多数是将枝状网和环状网结合起来，在城市中心地区，布置成环状网，在郊区则以枝状网的形式向四周延伸。供水可靠性要求较高的工矿企业需采用环状网，并用枝状网或双管输水到个别较远的车间。

（2）布置要求

1）按照城市规划平面布置管网，充分考虑给水系统分期建设的可能，并留有发展余地；

2）管网布置必须保证供水安全、可靠，当局部管网发生事故时，断水影响范围应减少到最小；

3）管线应遍布在整个给水区内，保证用户有足够的水量和水压；

4）力求以最短的距离敷设管线，以降低管网造价和供水运行费用。

（3）管网定线与布置

城市给水管网定线是指在地形平面图上确定管线的走向和位置。定线时一般只限于干管以及干管之间的连接管，不包括从干管到用户的分配管和接到用户的进水管。干管管径较大，用以输水到各地区。分配管从干管取水供给用户和消火栓，管径较小，常由城市消防流量决定所需的最小管径。

城市给水管网布置取决于城市的平面布置，供水区的地形，水源和调节水池的位置，街区和用户（特别是大用户）的分布，河流、铁路、桥梁的位置等，应着重考虑以下因素：

1）干管布置时其延伸方向应和二级泵站输水到水池、水塔、大用户的水流方向一致，沿水流方向以最短的距离，在用水量较大的街区布置一条或数条干管；

2）从供水的可靠性考虑，城镇给水管网宜布置几条接近平行的干管并形成环状网；但从经济上考虑，当允许间断供水时，给水管网的布置可采用一条干管接出许多支管，形成枝状网，同时考虑将来连成环状网的可能；

3）给水管网布置成环状网时，干管间距可根据街区情况，采用500～800m；干管之间的连接管间距，根据街区情况在800～1000m左右；

4）干管一般按城市规划道路布置，但应尽量避免在高级路面和重要道路下通过，以减少今后维修开挖工程量；

5）城镇生活饮用水管，严禁与非生活饮用水管网连接，城镇生活饮用水管网，严禁与自备水源供水系统直接连接；

6）生活饮用水管道应尽量避免穿过毒物污染及腐蚀性的地区，如必须穿过时应采取防护措施；

7）城镇给水管道的平面布置和埋深，应符合城镇的管道综合设计要求；工业企业给水管道的平面布置和竖向标高设计，应符合厂区的管道综合设计要求，工业企业内的管网布置有其具体特点。根据企业内的生产用水与生活用水对水质和水压的要求，两者可以合用一个管网，也可分建成两个管网。消防用水管网可根据消防水压和水量要求单独设立，也可由生活或生产给水管网供给消防用水。应根据工业企业的特点，确定管网布置形式。在正常条件下，生活用水和消防用水合并的管网，应布置成环状。工业生产用水按照生产工艺对供水可靠性的要求，可以采用枝状管网、环状管网或两者相结合的管网。

2. 水管材料

水管可分为金属管（铸铁管和钢管）和非金属管（预应力钢筋混凝土管、玻璃钢管、塑料管等）。不同材料的水管，性能各异，适用条件也不尽相同。

水管材料的选择应根据管径、内压、外部荷载和管道敷设区的地形、地质、管材的供应，按照运行安全、耐久、减少漏损、施工和维护方便、经济合理以及清水管道防止二次污染的原则，进行技术、经济、安全等综合分析确定。

（1）铸铁管

铸铁管按材质可分为灰铸铁管（也称连续铸铁管）和球墨铸铁管。

灰铸铁管虽有较强的耐腐蚀性，但由于连续铸管工艺的缺陷，质地较脆，抗冲击和抗震能力差，重量较大，并且经常发生接口漏水，水管断裂和爆管事故等。但是，其可以用在直径较小的管道上，同时采用柔性接口，必要时可选用较大一级的壁厚，以保证安全供水。

与灰铸铁管相比，球墨铸铁管不仅具有灰铸铁管的许多优点，而且机械性能有很大提高，其强度是灰铸铁管的多倍，抗腐蚀性能远高于钢管。除此之外，球墨铸铁管重量较轻，很少发生爆管、渗水和漏水现象。球墨铸铁管采用推入式楔形胶圈柔性接口，也可用法兰接口，施工安装方便，接口的水密性好，有适应地基变形的能力，抗震效果也较好，因此是一种理想的管材。

（2）钢管

钢管有无缝钢管和焊接钢管两种。钢管的特点是能耐高压、耐振动、重量较轻、单管的长度大和接口方便，但耐腐蚀性差，管壁内外都需有防腐措施，并且造价较高。在给水管网中，通常只在大管径和水压高处，以及因地质、地形条件限制或穿越铁路、河谷和地震区使用。

（3）预应力和自应力钢筋混凝土管

预应力钢筋混凝土管分普通和加钢套筒两种。预应力钢套筒混凝土管是在预应力钢筋混凝土管内放入钢筒，其用钢量比钢管省，价格比钢管便宜。其接口为承插式，承口环和插口环均用扁钢压制成型，与钢筒焊成一体。

预应力钢筋混凝土管的特点是造价低，管壁光滑，水力条件好，耐腐蚀，但重量大，不便于运输和安装。预应力钢筋混凝土管在设置阀门、弯管、排气、放水等装置处，须采用钢管配件。

自应力混凝土管采用离心工艺制造，利用混凝土在固化阶段产生的膨胀作用张拉环向和纵向钢丝，使管体混凝土在环向和纵向处于受压状态，称为自应力混凝土管。该管道仅适用于管径小于 $DN300$、管内压力小于 $0.8MPa$、覆土小于 $2.0m$ 的给水管道工程。钢筋混凝土管现已经逐步淘汰。

（4）玻璃钢管

玻璃钢管是一种新型管材，能长期保持较高的输水能力，还具有耐腐蚀、不结垢、强度高、粗糙系数小、重量轻（是钢管的 1/4 左右，预应力钢筋混凝土管的 1/5～1/10）、运输及施工方便等特点。但其价格较高，几乎跟钢管接近，可在强腐蚀性土壤处采用。为降低价格，提高管道的刚度，国内一些厂家生产出一种夹砂玻璃钢管。

（5）塑料管

塑料管种类很多，近年来发展很快，目前生产中应用较多的有 UPVC、ABS、PE、PP 管材等。尤其是 UPVC（硬聚氯乙烯）管，以其优良的力学性能、阻燃性能、低廉的价格，受到欢迎，应用广泛。UPVC 管工作压力宜低于 20MPa，用户进水管的常用管径 $DN25$ 和 $DN50$，小区内为 $DN100～DN200$，管径一般不大于 $DN400$。

塑料管具有内壁光滑、不结垢、水头损失小、耐腐蚀、质轻、加工和接口方便等优点。但管材的强度较低，用于长距离管道时，需要考虑采取防止碰撞、暴晒等老化措施。

3. 管网附件

（1）阀门

阀门在输水管道和给水管网中起分段和分区的隔离检修作用，并可用来调节管线中的流量或水压。

在给水系统中主要使用的阀门有三种：闸阀、蝶阀和球阀。

阀门的闸板启闭方向和闸板的平面方向平行的，称为闸阀（闸门）。它是管网中最广泛使用的一种阀门。闸阀门内的闸板有楔式和平行式两种，根据阀门使用时阀杆是否上下移动，可分为明杆和暗杆，一般选用法兰连接方式。

蝶阀的阀瓣利用偏心或同心轴旋转的方式达到启闭的作用。蝶阀的外形尺寸小于闸阀，结构简单，开启方便，旋转 90°就可以完全开启或关闭。蝶阀可用在中、低压管线上，例如水处理构筑物和泵站内。

球阀的球形阀体内，连在阀杆上的是一个开设孔道的球体芯，靠旋转球体芯达到开启或关闭阀门的目的。球阀的优点是结构较闸阀简单、体积小、水阻力小、密封严密；缺点是受密封结构及材料的限制，制造及维修的难度大。在给水系统中，球阀适用于小口径的有毒有害液体、气体输送管道。

输水管道的起点、终点、分叉处以及穿越河道、铁路公路段，应根据工程具体情况和有关部门的规定设置阀（闸）门，同时按照事故检修需要设置阀门。

（2）止回阀

又称逆止阀、单向阀。止回阀是限制压力管道中的水流只能朝一个方向流动的阀门。止回阀的类型除旋启式外，还有微阻缓闭止回阀和液压式缓冲止回阀，这两种止回阀还有防止水锤的作用。止回阀一般安装在水压大于 196kPa 的水泵站出水管上，防止在突然断电或其他事故时水流倒流而损坏水泵设备等。

（3）排气阀和泄水阀

排气阀安装在管线的隆起部位，作用是排出管线投产时或检修后通水时管线内的空气。其平时用以排除从水中释出的气体，以免空气积在管中，减小过水断面，增大水头损失。长距离输水管线，一般随地形起伏敷设，在高处隆起点设排气阀。管道平缓段，根据管道安全运行的要求，一般间隔 100m 左右设一处通气措施。

排气阀还有在管路出现负压时向管中进气的功能，从而减轻水锤对管路的危害。

在管线的最低点须安装泄水阀，用以排除管中的沉淀物以及检修时放空水管内的存水。泄水阀与排水管连接，其管径由所需放空时间决定。放空时间可按一定工作水头下孔口出流公式计算。

（4）消火栓

消火栓分地上式和地下式，地上式消火栓一般布置在交叉路口消防车可以驶近的地方。地下式消火栓安装在阀门井内。室外管网内的消火栓间距不应超过 120m，接管直径不小于 100mm，配水管网上两个阀门之间的独立管段内消火栓的数量不宜超过 5 个。

4. 管网附属构筑物

（1）阀门井

管网中的附件（阀门、排气阀、地下式消火栓和设在地下管道上的流量计等）一般应安装在阀门井内。阀门井多用砖砌，也可用石砌或钢筋混凝土建造。阀门井的平面尺寸取决于水管直径以及附件的种类和数量。阀门井应满足阀门操作和安装拆卸各种附件所需要的最小尺寸。阀门井的深度由水管埋设深度确定。

（2）支墩和基础

当管内水流通过承插式接口的弯管、三通、水管尽端的盖板上以及缩管处，都会产生拉力，接口可能因此松动脱节而使管道漏水，因此在这些部位需要设置支墩，以防止接口松动脱节等事故产生。当管径小于 300mm 或转弯角度小于 10°，且水压不超过 980kPa 时，因接口本身足以承受拉力，可不设支墩。

（3）管线穿越障碍物

给水管道通过铁路、公路和河谷时，必须采取一定的措施。

1）管线穿越铁路时，其穿越地点、方式和施工方法，应遵循有关铁道部门穿越铁路的技术规范。根据铁路的重要性采取如下措施：

当穿越车站咽喉区间、站场范围内的正线、发线时，应设套管；穿越其他轨道可不设套管，防护套管管顶或输水管管顶至轨底的深度不得小于 1.0m，至路基面高度不应小于 0.7m。两端应设检查井，井内应设阀门或排水管等。

如果采用输水管架空穿越铁路管线，则管架底应高出路轨面 6.0m 以上。

2）管线穿越河川山谷时，可利用现有桥梁架设水管，或敷设倒虹管，或建造水管桥，具体可根据河道特性、通航情况、河岸地质地形条件、过河管材料和直径、施工条件选用。

3）给水管架设在现有桥梁下穿越河流最为经济，施工和检修比较方便，通常水管架在桥梁的人行道下。穿越河底的输水管应避开锚地，管内流速应大于不淤流速。管道埋设深度应在其相应防洪标准的洪水冲刷深度以下，且至少应大于 1.0m。

管道埋设在通航河道时，应符合航运部门的技术规定，并在河岸设立标志，管道埋设深度应在航道底设计高程 2.0m 以下。

5. 给水管道敷设和防腐

（1）管道敷设

给水管多数埋在道路下。水管管顶以上的覆土深度，在不冰冻地区由外部荷载、水管强度以及与其他管线交叉情况等决定，金属管道的管顶覆土深度通常不小 0.7m。非金属管的管顶覆土深度应大于 1～1.2m，覆土必须夯实，以免受到动荷载的作用而影响水管强度。冰冻地区的覆土深度应考虑土壤的冰冻线深度。

在土耐压力较高及地下水位较低处，水管可直接埋在管沟中未扰动的天然地基上。一般情况下，铸铁管、钢管、承插式钢筋混凝土管可以不设基础。在岩石或半岩石地基处，管底应垫砂铺平夯实，砂垫层厚度，金属管和塑料管至少为 100mm，非金属管道不小于 150～200m。在土松软的地基处，管底应有一定强度的混凝土基础。如遇流沙或通过沼泽地带，承载能力达不到设计要求时，需进行基础处理，根据一些地区的施工经验，可采用各种柱基础。

露天管道应有调节管道伸缩设施，并设置管道整体稳定措施和防冻保温措施。

（2）管道防腐

腐蚀是金属管道的变质现象，其表现方式有生锈、坑蚀、结瘤、开裂或脆化等。给水管道内壁的腐蚀、结垢使管道的输水能力下降，对饮用水系统来说还会出现水质下降的现象，对人的健康造成威胁。按照腐蚀分类，可分为没有电流产生的化学腐蚀，以及形成原电池而产生电流的电化学腐蚀（氧化还原反应）。给水管网在水中和土壤中的腐蚀，以及杂散电流引起的腐蚀，都是电化学腐蚀。

一般情况下，水中含氧量越高，腐蚀越严重。但对钢管来说，此时可能会在内壁产生氧化膜，从而减轻腐蚀。水的 pH 值会明显影响金属管道的腐蚀速度，pH 值越低腐蚀越快，中等 pH 值时不影响腐蚀速度，高 pH 值时因金属管道表面形成保护膜，腐蚀速度减慢。水的含盐量越高则腐蚀速度越快，海水对金属管道的腐蚀远大于淡水。水流速度越大，腐蚀越快。

防止给水管道腐蚀的方法有：

1）采用非金属管材，如预应力或自应力钢筋混凝土管、玻璃钢管、塑料管等。

2）金属管内外表面上涂油漆、沥青等，以防止金属和水接触而产生腐蚀。例如可将明设钢管表面打磨干净后，先刷 1～2 遍红丹漆，干后再刷两遍热沥青或防锈漆；埋地钢管可根据周围土的腐蚀性，分别选用各种厚度的防腐层。

涂料需要满足以下要求：①不溶解于水，不得使自来水产生嗅味，并且无毒；②涂料前，内外壁应清洁、无锈；③管体预热后浸入涂液，涂层厚薄均匀，内外壁光滑，粘附牢固，并不因气温变化而发生异常。

3）小口径钢管可采用钢管内外热浸镀锌法进行防腐。

4）为了防止给水管道（铸铁管或者钢管）内壁锈蚀与结垢，可在管内涂衬防腐涂料（又称内衬、搪管），内衬的材料一般为水泥砂浆，也有聚合物水泥砂浆。

5）阴极保护。阴极保护是保护水管的外壁免受土壤腐蚀的方法。根据腐蚀电池的原理，两个电极中只有阳极金属发生腐蚀，所以阴极保护的原理就是使金属管成为阴极，以防止腐蚀。

阴极保护有两种方法。一种是使用消耗性的阳极材料，如铝、镁、锌等，隔一定距离用导线连接到管线（阴极）上，在土壤中形成电路，结果是阳极腐蚀，管线得到保护。这种方法常在缺少电源、土壤电阻率低和水管保护涂层良好的情况下使用。另一种是通入直流电的阴极保护法，将废铁埋在管线附近，与直流电源的阳极连接，电源的阴极接到管线上，因此可防止腐蚀，在土壤电阻率高（约 $2500\Omega \cdot cm$）或金属管外露时使用较为合适。

第四节 建筑内部给水系统

建筑内部给水系统是将城镇给水管网或自备水源给水管网的水引入室内，选用适用、经济、合理的最佳供水方式，经配水管送至室内各种卫生器具、用水生产装置和消防设备，并满足用水点对水量、水压和水质要求的冷水供应系统。

1. 室内给水系统的分类

按照用户对水质、水压、水量、水温的要求，并结合外部给水系统情况进行划分，有3种基本给水系统：生活给水系统、生产给水系统、消防给水系统。

（1）生活给水系统

生活给水系统指供人们在日常生活中饮用、烹饪、盥洗、沐浴、洗涤衣物、冲厕、清洗地面和其他生活用途的给水系统。近年来，随着人们对饮用水品质要求的不断提高，在某些城市、地区或高档住宅小区、综合楼等实施分质供水，管道直饮水给水系统已进入生活给水系统。按供水水质，又可分为生活饮用水系统、直饮水系统和杂用水系统。生活饮用水系统包括盥洗、沐浴等用水，直饮水系统包括纯净水、矿泉水等用水，杂用水系统包括冲厨、浇灌花草等用水。生活给水系统的水质必须严格符合国家《生活饮用水卫生标准》GB 5749—2006 要求，并应具有防止水质污染的措施。

（2）生产给水系统

生产给水系统指供生产过程中产品工艺用水、清洗用水、冷饮用水、生产空调用水、稀释用水、除尘用水、锅炉用水等用途的给水系统。由于工艺过程和生产设备的不同，生产给水系统种类繁多，对各类生产用水的水质要求有较大的差异，有的低于生活饮用水标准，有的远远高于生活饮用水标准。

（3）消防给水系统

消防给水系统指供消防灭火设施用水的系统。消防用水用于灭火和控火，即扑灭火灾和控制火势蔓延。消防用水对水质要求不高，但必须按照建筑设计防火规范要求保证供给足够的水量和水压。

消防给水系统分为消火栓给水系统、自动喷水灭火系统、水幕系统、水喷雾灭火系统等。消防系统的选择，应根据生活、生产、消防等各项用水对水质、水量和水压的要求，经技术经济比较或采用综合评判法确定。

（4）组合给水系统

上述3种基本给水系统可根据具体情况及建筑物的用途和性质、设计规范等要求，设置独立的某种系统或组合系统。如生活-生产给水系统、生活-消防给水系统、生产-消防给水系统、生活-生产-消防给水系统等。

上述各种给水系统在同一建筑物中不一定全部具有，应根据系统的选择，生活、生产、消防等各项用水对水质、水量、水压、水温的要求，结合室外给水系统的实际情况，经技术经济比较或采用综合评判法确定。综合评判法是结合工程所涉及的各项因素（如技术、经济、社会、环境等因素），综合考虑的评判方法，对所列的各项因素根据其优缺点进行定性分析，其评判结果易受人为因素影响，带主观随意性。为使各项因素都能用统一标准来衡量，目前均采用模糊变换作为工具，用定量分析进行综合评判，其结果更为正确、合理。近年来，模糊综合评判法在各个领域多因素的评判方面已被广泛应用。

2. 室内给水系统的组成

建筑内部生活给水系统，一般由引入管、给水管道、给水附件、给水设备、配水设施和计量仪表等组成，如图 3-14 所示。

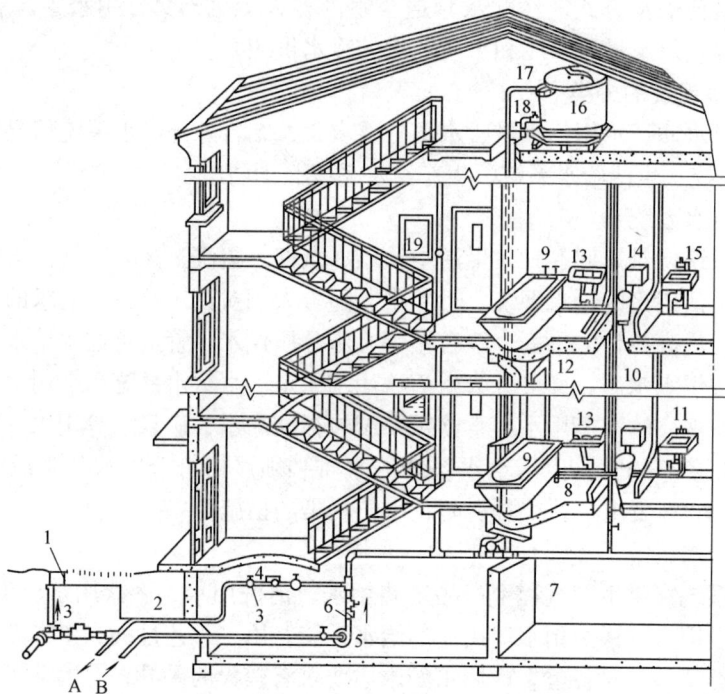

图 3-14　建筑内部给水管道系统示意

1—阀门井；2—引入管；3—闸阀；4—水表；5—水泵；6—止回阀；7—干管；8—支管；9—浴盆；10—立管；
11—水嘴；12—淋浴器；13—洗脸盆；14—大便器；15—洗涤盆；16—水箱；17—水箱进水管；
18—水箱出水管；19—消火栓；A—入贮水池；B—贮水池

（1）引入管

单体建筑引入管是指从室外给水管网的接管点至建筑内的管段。引入管段上一般设有水表、阀门等附件。直接从城镇给水管网接入建筑物的引入管上应设置止回阀或者倒流防止器。

（2）水表节点

水表节点是安装在引入管上的水表及其前后设置的阀门和泄水装置的总称。水表前后的阀门用以水表检修、拆换时关闭管路，泄水口主要用于系统检修时放空管网的余水，也可用来检测水表精度和测定管道水压值。

（3）给水管道

给水管道包括水平干管、立管、支管和分支管。

居住建筑入户管给水压力不应大于 0.35MPa，否则应有减压措施。

（4）给水控制附件

即管道系统中调节水量、水压、控制水流方向，以及关断水流，便于管道、仪表和设备检修的各类阀门和设备。

（5）配水设施

配水设施也叫做用水设施。生活给水系统配水设施主要指卫生器具的给水配件或配水龙头。

（6）增压和贮水设备

增压和贮水设备主要包括升压设备和贮水设备。比如水泵、气压罐、水箱、贮水池和吸水井等。

（7）计量仪表

计量仪表指用于计量水量、压力、温度和水位等的专用仪表。

3. 室内给水方式

室内给水方式是指建筑内部给水系统的供水方案。它是根据建筑物的性质、高度、配水点的布置情况以及室内所需水压、室外管网水压和配水量等因素，通过综合评判法决定给水系统的布置形式。高层建筑若采用同一给水系统供水，由于低层管道内静水压力过大必然导致超压出流，出现水击、振动、管道和附件损坏等现象。竖向分区供水是解决高层给水系统中低层管道静压过大的主要技术措施，给水系统竖向分区应根据建筑用途、层数、使用要求、材料设备性能、维护管理、节约供水、能耗等因素综合确定。给水方式主要有以下几种基本形式。

（1）直接给水方式

由室外给水管网直接供水，利用室外管网压力供水，是最简单、经济的给水方式，一般单层和层数少的多层建筑采用这种供水方式，如图3-15所示。其适用于室外给水管网的水量、水压在1d内均能满足用水要求的建筑。

该给水方式特点是可充分利用室外管网水压，节约能源，且供水系统简单，投资少，充分利用室外管网的水压，节约能耗，减少水质受污染的可能性。但室外管网一旦停水，室内立即断水，供水可靠性差。

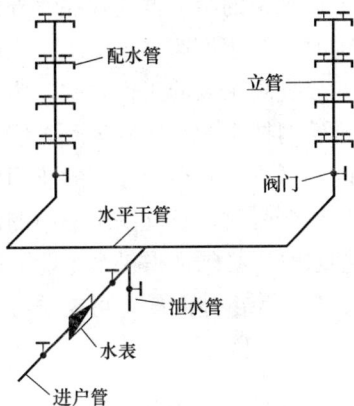

图3-15　直接给水方式

（2）设水箱的给水方式

设水箱的给水方式宜在室外给水管网供水压力周期性不足时采用。如图3-16（a）所示，低峰用水时，可利用室外给水管网水压直接供水并向水箱进水，水箱贮备水量；高峰用水时，室外管网水压不足，则由水箱向建筑给水系统供水。当室外给水管网水压偏高或不稳定时，为保证建筑内给水系统的良好工况或满足稳压供水的要求，可采用设水箱的给水方式。这种供水方式适用于多层建筑，下面几层与室外给水管网直接连接，利用室外管网水压供水，上面几层则靠屋顶水箱调节水量和水压，由水箱供水。

如图3-16（b）所示，室外管网直接将水输入水箱，由水箱向建筑内给水系统供水。这种给水方式的特点是水箱贮备一定量的水，在室外管网压力不足时不中断室内用水，供水较可靠，且充分利用室外管网水压，节省能源，安装和维护简单，投资较省。但需设置高位水箱，增加了结构荷载，给建筑的立面及结构处理带来一定的难度，若管理不当，水箱的水质易受到污染。

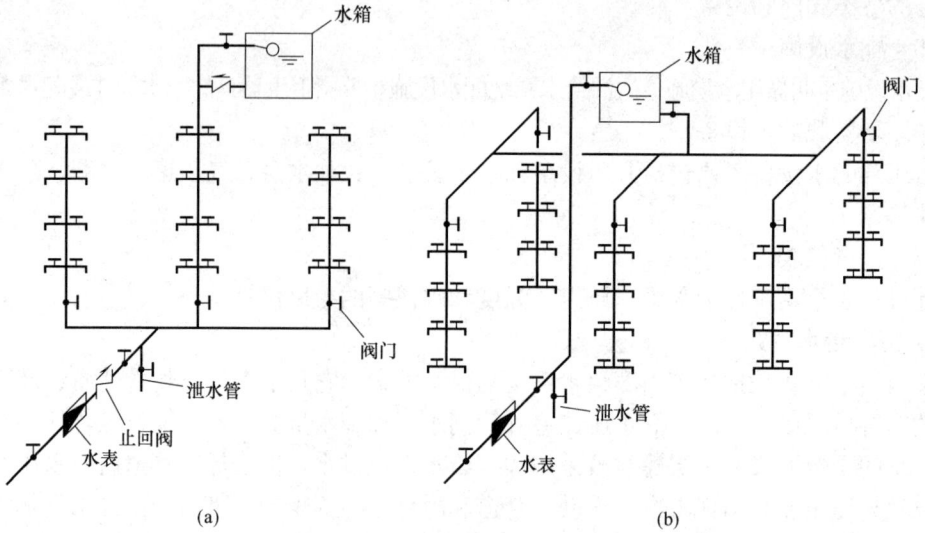

图 3-16 设水箱的给水方式

（3）设水泵的给水方式

设水泵的给水方式宜在室外给水管网的水压经常不足时采用。当建筑内用水量大且较均匀时，可用恒速水泵供水；当建筑内用水不均匀时，宜采用一台或多台水泵变速运行供水，以提高水泵的工作效率。为充分利用室外管网压力，节省电能，采用水泵直接从室外给水管网抽水的叠压供水时，应设旁通管，如图 3-17（a）所示。当室外管网的压力足够大时，可自动开启旁通管的止回阀直接向建筑内供水。因水泵直接从室外管网抽水，会使接口不严密时，其周围土壤中的渗漏水会吸入管网，污染水质。当采用水泵直接从室外管网抽水时，必须征得供水企业的同意，并在管道连接处采取必要的防护措施，以免水质污染。为避免上述问题，可在系统中增设贮水池，采用水泵与室外管网间接连接的方式，如

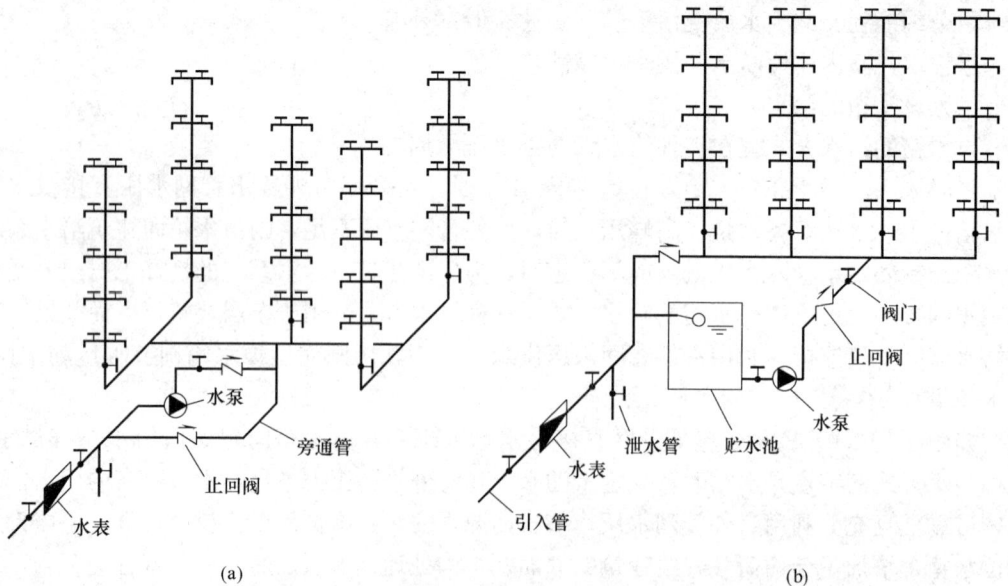

图 3-17 设水泵的给水方式

图 3-17（b）所示。

这种给水方式避免了上述水泵直接从室外管网抽水的问题，城市管网的水经自动启闭的浮球阀冲入贮水池，然后经水泵加压后再送往室内管网。在无水箱的供水系统中，目前大都采用变频调速水泵，这种水泵的构造与恒速水泵一样也是离心式水泵，不同的是配用变速配电装置，其转速可随时调节。

控制变频调速水泵的运行需要一套自动控制装置，在高层建筑供水系统中，常采取水泵出水管道处压力恒定的方式来控制变频调速水泵。这种方式一般适用于生产车间、住宅楼或者居住小区集中加压供水系统、水泵开停采用自动控制或者采用变速电机带动水泵的建筑物内。

（4）设水泵、水箱的给水方式

设水泵和水箱的给水方式宜在室外给水管网压力低于或者经常不满足建筑内给水管网所需的水压，且室内用水不均匀时采用。如图 3-18 所示，该给水方式的优点为水泵能及时向水箱供水，可减小水箱的容积，又因有水箱的调节作用，水泵出水量稳定，能保持在高效区运行。

这种给水方式充分利用水泵将水池中的水提升至高位水箱，采用高位水箱贮存来调节水量并向用户供水。水箱内设继电器来控制水泵的开停。通常为利用市政管网压力，下部几层往往采用由室外管网直接供水的方式。这种给水方式由于水池、水箱储存有一定的水量，停水停电时可延时供水，供水可靠，供水压力稳定，但有水泵振动以及噪声的干扰。普遍适用于多层或者高层建筑。

（5）气压给水方式

气压给水方式即在给水系统中设置有气压给水设备，利用该设备的气压水罐内气体的可压缩性，升压供水。气压水箱的作用相当于高位水箱，但其位置可根据实际需要设置在高处或者低处。该给水方式宜在室外给水管网压力低于或经常不能满足建筑内给水管网所需水压，室内用水不均匀且不宜设置高位水箱的情况下使用，如图 3-19 所示。

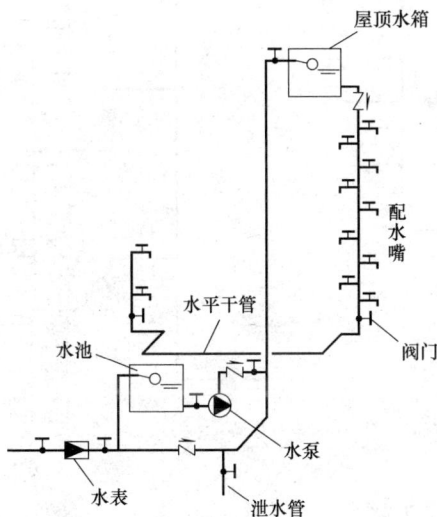

图 3-18 设水泵、水箱的给水方式

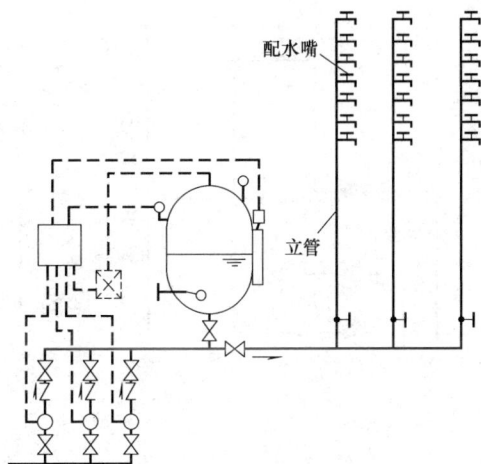

图 3-19 气压给水方式

（6）分区给水方式

当室外给水管网的压力只能满足建筑低层供水要求时，可采用分区给水方式。如图3-20所示，室外给水管网水压线以下楼层为低区，由室外管网直接供水；以上楼层为高区，由升压贮水设备供水。同时，可将一根或者几根立管相连，在分区处设阀门，以被低区进水管发生故障或外网压力不足时，打开阀门由高区水箱向低区供水。

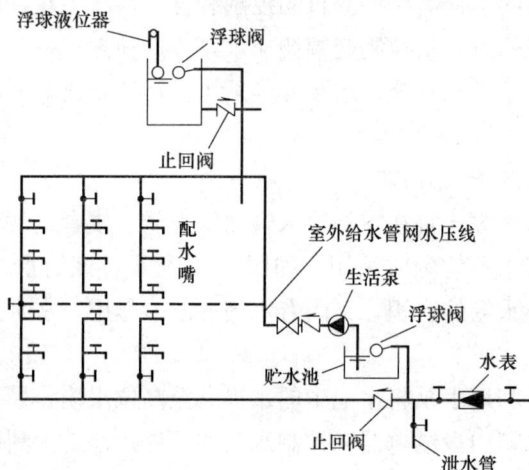

图 3-20 分区给水方式

在高层建筑中常见的分区给水方式，有水泵并联分区给水方式、水泵串联分区给水方式和减压阀分区给水方式。

1）水泵并联分区给水方式

各给水分区分别设置水泵或调速水泵，各分区水泵采用并联方式供水，如图3-21（a）所示。其优点是供水可靠、设备布置较为集中，并便于维护和管理，同时也节省水箱的占用空间，能量消耗较少；其缺点是水泵水量多，扬程各不相同。

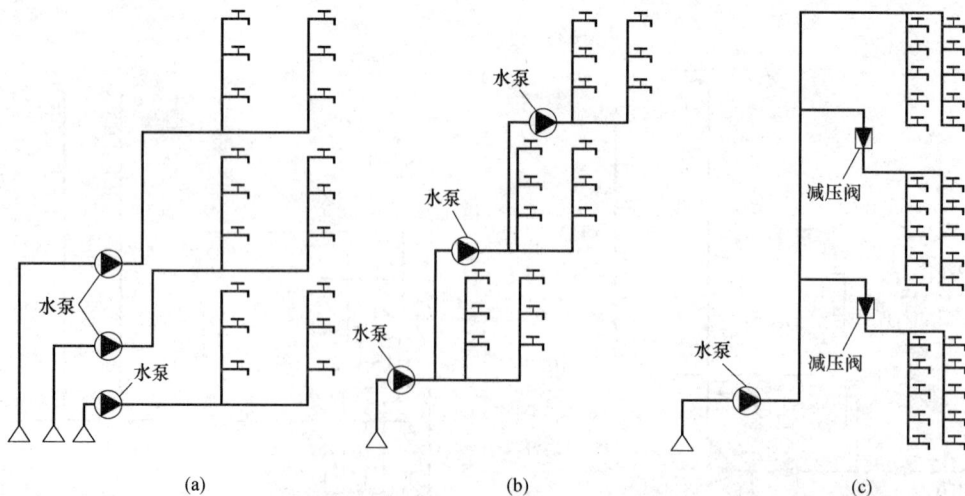

图 3-21 水泵分区给水方式
（a）水泵并联分区；（b）水泵串联分区；（c）减压阀分区

2）水泵串联分区给水方式

各分区均设置水泵或调速水泵，各分区水泵采用串联方式供水，如图 3-21（b）所示。其优点是供水可靠，不占用水箱使用空间，能量消耗较少；缺点是水泵出水量多，设备布置不集中，维护和管理不便。在使用过程中，水泵启动顺序是自下而上，各区水泵的能力应匹配。

3）水泵供水减压阀减压分区给水方式

不设高位水箱减压阀减压分区给水方式如图 3-21（c）所示。其优点是供水可靠，设备管材使用较少、投资省、设备布置集中，节省水箱占用空间；缺点是下区水压损失大，能量消耗多。

高层居住建筑，要求入户管给水压力不应大于 0.35MPa；当静水压力大于 0.35MPa 时，宜设减压或者调压措施。在分区中要避免过大的水压，同时还应保证分区给水系统中最不利配水点的出水要求，一般不宜小于 0.1MPa。

（7）分质给水方式

分质给水方式即根据不同用途所需的不同水质，分别设置独立的给水系统。如图 3-22 所示，饮用水系统供饮用、烹饪、洗漱等生活用水，水质应符合《生活饮用水卫生标准》GB 5749—2006。杂用水给水系统，水质较差，仅符合《城市污水再生　利用城市杂用水水质》GB/T 18920—2002，只能用于建筑内冲洗便器、氯化、洗车、扫除等用水。近年来，为确保水质，有些国家还采用了饮用水与洗漱、淋浴等生活用水分设两个独立管网的分质给水方式。

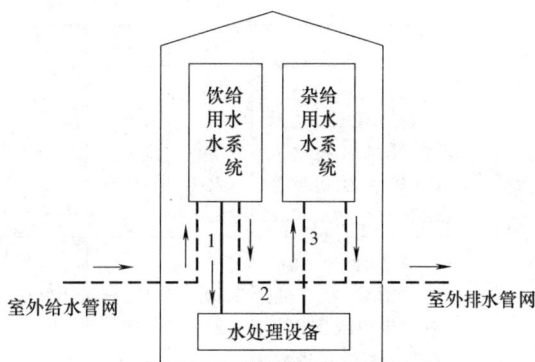

图 3-22　分质给水方式
1—生活废水；2—生活污水；3—杂用水

给水方式的选择应尽量利用外部给水管网的水压直接供水，在外部管网水压和流量不能满足整个建筑物用水要求时，则建筑物下几层应利用外网水压直接供水，上层可设置加压和流量调节装置供水。

4. 室内给水管道的布置与敷设

室内给水管道的布置和敷设受建筑结构、用水要求、配水点和室外给水管道的位置以及供暖、通风、空调和供电等其他建筑设备工程管线布置等因素的影响。基本要求是保证供水安全、可靠，力求经济、合理，布置管道时其周围要留有一定的空间，以便于安装以及后期的维护和管理。

室内给水管道与各种管道之间的净距应满足安装操作的需要，建筑物内埋地敷设的生活给水管道与排水管道之间的最小净距，平行埋设时不宜小于 0.5m，交叉埋设时不应小于 0.15m，且给水管道应在排水管上方。需进人检修的管道井，其工作通道净宽度不宜小于 0.6m，管径应每层设外开检修门。

室内给水管道宜布置成枝状管网，单向供水。埋地敷设的给水管应避免布置在可能受重物压坏处。管道不得穿越生产设备基础，特殊情况下必须穿越时，应采取有效的保护措施。给水管道不得敷设在烟道、风道、电梯井、排水沟。给水管道不得穿越伸缩缝、沉降缝和变形缝等；若必须穿越时，应设置补偿管道伸缩和剪切变形的装置。

第五节 节约用水

1. 节水用水定额

住宅平均日生活用水的节水用水定额，可根据住宅类型、卫生器具设置标准和区域条件因素按表 3-1 的规定确定。

用水量定额表

表 3-1

住宅类型		卫生器具设置标准	节水用水定额 q_z(L/人·d)								
			一区			二区			三区		
			特大城市	大城市	中小城市	特大城市	大城市	中小城市	特大城市	大城市	中小城市
普通住宅	I	有大便器、洗涤盆	100~140	90~110	80~100	70~110	60~80	50~70	60~100	50~70	45~65
	II	有大便器、洗脸盆、洗涤盆和洗衣机、热水器和沐浴设备	120~200	100~150	90~140	80~140	70~110	60~100	70~120	60~90	50~80
	III	有大便器、洗脸盆、洗涤盆、洗衣机、集中供应或家用热水机组和沐浴设备	140~230	130~180	100~160	90~170	80~130	70~120	80~140	70~100	60~90
别墅		有大便器、洗脸盆、洗涤盆、洗衣机及其他设备、家用热水机组或集中热水供应和沐浴设备、洒水栓	150~250	140~200	110~180	100~190	90~150	80~140	90~160	80~110	70~100

注：1) 特大城市指市区和近郊区非农业人口 100 万及以上的城市；大城市指市区和近郊区非农业人口 50 万及以上，不满 100 万的城市；中、小城市指市区和近郊区非农业人口不满 50 万的城市。

　　2) 一区包括：湖北、湖南、江西、浙江、福建、广东、广西、海南、上海、江苏、安徽、重庆；

　　二区包括：四川、贵州、云南、黑龙江、吉林、辽宁、北京、天津、河北、山西、河南、山东、宁夏、陕西、内蒙古河套以东和甘肃黄河以东的地区；

　　三区包括：新疆、青海、西藏、内蒙古河套以西和甘肃黄河以西的地区。

　　3) 当地主管部门对住宅生活用水节水标准有规定的，按当地规定执行。

　　4) 别墅用水定额中含庭院绿化用水，汽车抹车水。

　　5) 表中用水量为全部用水量，当采用分质供水时，有直饮水系统的，应扣除直饮水定额；有杂用水系统的，应扣除杂用水定额。

2. 节水的重要性和必要性

当前，水问题已成为一个事关全局的问题。可以说在 2000 年之前，我国城市水资源利用普遍效率低下，节水潜力很大。当时，国家提出：今后城市，特别是大城市新增的用水需求，一半要靠节水来解决。要坚持把节约用水放在首位，努力建设节水型城市。同时，要大力调整产业结构，压缩高耗水产业，发展节水型工业和服务业；要积极推广节水技术，强制推行节水型用水器具，加快城市供水管网的检修改造，降低漏失率；要切实加强用水管理，优先保证城市居民必要的生活用水，严格执行取水许可证制度。

3. 节水就是要开源

（1）污水再生利用

污水处理厂对污水按照排放标准进行处理，对达标水进行深度处理和消毒，可达到再生水标准，就可以在工业生产（间接冷却水）、城市绿化、道路清扫、车辆冲洗、建筑施工、生态景观等方面开展利用。

（2）建筑中水利用

居民住宅使用建筑中水就是将洗衣、洗浴和生活杂用等污染较轻的灰水收集并经过过滤等处理后，循序用于冲厕，提高用水效率。

（3）海水淡化利用

海水淡化即利用海水脱盐生产淡水。目前，全球海水淡化技术超过 20 余种，有海水冻结法、电渗析法、蒸馏法、反渗透法等，目前应用反渗透膜是最广泛的方法。淡化海水成本已降到 4～5 元/吨，经济可行性已经大大提升，考虑到未来技术进步带来的成本下降，以及政策扶持等因素，未来海水淡化产业有望出现爆发式增长。

（4）雨水收集利用

雨水收集利用即通过模块式蓄水箱收集到的雨水资源用来冲洗厕所、浇洒路面、浇灌草坪、水景补水，甚至用于循环冷却水和消防水，可以缓解目前城市水资源紧缺的局面，是一种开源节流的有效途径。

4. 节水更要节流

（1）控制供水管网漏损

我国普遍的地下供水管网漏水率有 10%～20%，有些农村地区的数值还更高。控制漏损，一是要对使用年限长的管网进行改造；二是要加强听漏管理；三是要督促用水大户定期开展水平衡测试。

（2）开展计划用水与定额管理

开展计划用水与定额管理即抓好用水户的计划管理，科学确定计划用水额度，严格执行国家有关用水标准和定额，实行超计划用水累进加价收费制度。今后，要逐步与供水企业建立用水量信息共享机制，通过安装远传数字水表，经无线数据采集系统，实时掌握用户的用水情况。

（3）建设节水型小区、单位、企业

习近平总书记要求深入开展节水型城市建设，使节约用水成为每个单位、每个家庭、每个人的自觉行动。

日常节水小常识 表 3-2

日常事项	浪费	节水
刷牙	不间断放水，30s，用水约 6L	口杯接水，3 口杯，用水 0.6L。三口之家每日两次，每月可节水 486L
洗衣	老式洗衣机不间断边注水边冲淋、排水的洗衣方式，每次需用水约 165L	新式洗衣机可根据衣物洗涤要求挑选合适的洗涤模式，可减少用水量；小件、少量衣物提倡手洗，可节约大量水资源

续表

日常事项	浪费	节水
洗浴	过长时间不间断放水冲淋,会浪费大量水;盆浴时放水过多,以至溢出,或盆浴时一边打开水塞,一边注水,浪费将十分惊人	淋浴要注意冲淋时间,搓洗时应及时关水,避免过长时间冲淋。盆浴放水适中,浴后的水可用于洗衣、洗车、冲洗厕所、拖地等
清洗	水龙头大开,长时间冲洗。烧开水时间过长,水蒸汽大量蒸发	炊具、食具上的油污,先用纸擦除,再洗涤。清洗物品时控制水龙头流量,采用间歇性冲洗,或用盆具节水清洗
洗车	用水管冲洗 20min,用水约 240L	用水桶盛水洗车,需 3 桶水,用水约 30L。使用洗涤水、洗衣水洗车。使用节水喷雾水枪冲洗。利用机械自动洗车,洗车水处理循环使用

（4）节水器具普及推广

一是既有建筑换装节水型器具；二是新改扩建项目节水器具安装。

思 考 题

1. 给水系统的分类形式有哪几种？具体如何分类？
2. 给水系统的主要功能有哪些？
3. 给水系统由哪几部分组成？
4. 影响给水系统选择的影响因素有哪些？
5. 混凝机理是什么？
6. 常规混凝剂和助凝剂有哪几种？
7. 影响混凝效果的主要因素有哪些？
8. 沉淀的原理是什么？
9. 平流沉淀池根据其作用分为哪几个部分？
10. 过滤的过程是怎么样的？
11. 过滤的原理是什么？
12. 过滤的滤料选用应符合哪些条件？
13. 氯消毒原理是什么？
14. 影响加氯作用的影响有哪些？
15. 臭氧-生物活性炭深度处理工艺的原理是什么？
16. 臭氧-生物活性炭深度处理工艺的特点有哪些？
17. 超滤深度处理工艺的原理是什么？
18. 超滤深度处理工艺的特点有哪些？
19. 给水管网的布置形式有几种？各有什么特点？
20. 给水管网的布置要求有哪些？
21. 管网的定线和布置应着重考虑哪些方面？
22. 常用水管材料有哪些？各有什么特点？
23. 管网附件有哪些？

24. 管网附属构筑物有哪些？
25. 防止给水管道腐蚀的方法有哪些？
26. 室内给水系统分为哪几类？
27. 室内给水系统由哪几部分组成？
28. 室内给水方式有哪几种？使用条件分别是什么？

第四章

计算机基础知识

第一节　计算机概述

1. 操作系统

（1）操作系统的目标

在计算机系统上配置操作系统（Operating System，缩写作 OS），其主要设计目标是：保证方便性、有效性、可扩充性和开放性。其中，方便性和有效性是设计 OS 时最重要的两个目标。

1）方便性

一个未配置 OS 的计算机系统是极难使用的。用户如果想直接在计算机硬件（裸机）上运行自己所编写的程序，就必须用机器语言书写程序。但如果在计算机硬件上配置了 OS，系统便可以使用编译命令将用户采用高级语言书写的程序翻译成机器语言，或者直接通过 OS 所提供的各种命令操纵计算机系统，这极大地方便了用户，使计算机变得易学易用。

2）有效性

有效性所包含的第一层含义是提高系统资源的利用率。在早期未配置 OS 的计算机系统中，诸如处理机、I/O 设备等都经常处于空闲状态，各种资源无法得到充分利用。所以在当时，提高系统资源利用率是推动 OS 发展最主要的动力。有效性的另一层含义是，提高系统的吞吐量。OS 可以通过合理地组织计算机的工作流程，加速程序的运行，缩短程序的运行周期，从而提高系统的吞吐量。

3）可扩充性

为适应计算机硬件、体系结构以及计算机应用发展的要求，OS 必须具有很好的可扩充性。可扩充性的好坏与 OS 的结构有着十分紧密的联系，由此推动了 OS 结构的不断发展：从早期的无结构发展成模块化结构，进而又发展成层次化结构。近年来，OS 已广泛采用了微内核结构，它能方便地增添新的功能和模块，也便于对原有的功能和模块进行修改，具有良好的可扩充性。

4）开放性

随着计算机应用的日益普及，计算机硬件和软件的兼容性问题便凸显了出来。世界各国相应地制定了一系列的软、硬件标准，使得不同厂家按照标准生产的软、硬件能在本国范围内很好地相互兼容。这无疑给用户带来了极大的方便，也给产品的推广及应用铺平了道路。近年来，随着 Internet 的迅速发展，计算机 OS 的应用环境由单机环境转向了网络环境，其应用环境就必须更为开放，进而对 OS 的开放性提出了更高的要求。

所谓开放性，是指系统能遵循世界标准规范，特别是遵循开放系统互连 OSI 国际标准。事实上，凡遵循国际标准所开发的硬件和软件，都能彼此兼容，方便地实现互联。开放性已成为 20 世纪 90 年代以后计算机技术的一个核心问题，也是衡量一个新推出的系统或软件能否被广泛应用的至关重要的因素。

（2）操作系统的作用

操作系统在计算机系统中所起的作用，可以从用户、资源管理及资源抽象等多个不同的角度来进行分析和讨论。

1）OS 是用户与计算机硬件系统之间的接口

其含义是：OS 处于用户与计算机硬件系统之间，用户通过 OS 来使用计算机系统。或者说，用户在 OS 的帮助下能够更方便、快捷、可靠地操纵计算机硬件和运行程序。图 4-1 是以 OS 作为接口的示意图。由图可看出，用户可通过三种方式使用计算机，即通过命令方式、系统调用方式和图标-窗口方式来实现与操作系统的通信，并取得它的服务。

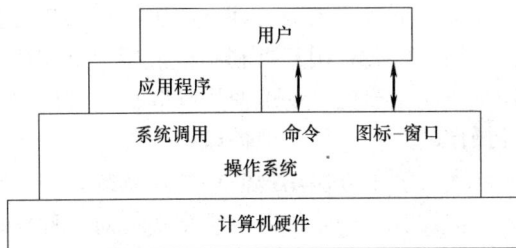

图 4-1　以 OS 作为接口的示意图

2）OS 是计算机系统资源的管理者

在一个计算机系统中，通常都含有多种硬件和软件资源。归纳起来可将这些资源分为四类：处理机、存储器、I/O 设备以及文件（数据和程序）。相应地，OS 的主要功能也正是对这四类资源进行有效的管理。

① 处理机管理：用于分配和控制处理机。

② 存储器管理：主要负责内存的分配与回收。

③ I/O 设备管理：负责 I/O 设备的分配（回收）与操纵。

④ 文件管理：实现对文件的存取、共享和保护。

3）OS 实现了对计算机资源的抽象

对于一台完全无软件的计算机系统（即裸机），由于它向用户提供的仅是硬件接口（物理接口），用户必须对物理接口的实现细节有充分的了解才能正常使用，这就使该物理机器难以广泛使用。为了方便用户使用 I/O 设备，人们在裸机上覆盖了一层 I/O 设备管理软件，如图 4-2 所示，由它来实现对 I/O 设备操作的细节，并向上将 I/O 设备抽象为一组数据结构以及一组 I/O 操作命令，如读和写命令。这样，用户即可利用这些数据结构及操作命令来进行数据输入或输出，而无需关心 I/O 是如何具体实现的。此时，用户所看到的机器是一台比裸机功能更强、使用更方便的机器。换而言之，在裸机上铺设的 I/O

软件隐藏了 I/O 设备的具体细节，向上提供了一组抽象的 I/O 设备。

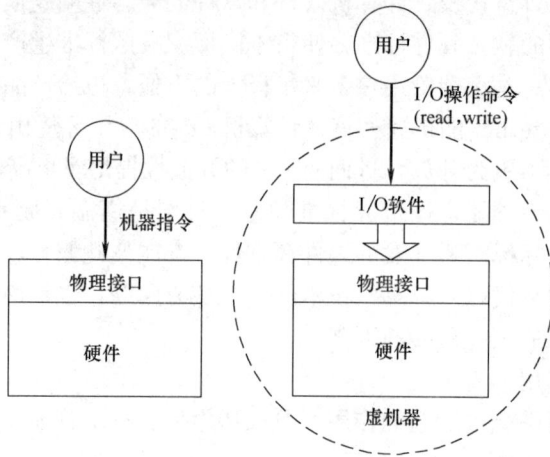

图 4-2 I/O 软件隐藏了 I/O 操作实现的细节

通常，把覆盖了上述软件的机器称为扩充机器或虚机器。它向用户提供了一个对硬件操作的抽象模型。用户可利用该模型提供的接口使用计算机，无需了解物理接口实现的细节，从而使用户更容易地使用计算机硬件资源。亦即，I/O 设备管理软件实现了对计算机硬件操作的第一个层次的抽象。

同理，为了方便用户使用文件系统，又可在第一层软件（I/O 管理软件）上再覆盖一层用于文件管理的软件，由它来实现对文件操作的细节，并向上层提供一组实现对文件进行存取操作的数据结构及命令。这样，文件管理软件就实现了对硬件资源操作的第二个层次的抽象。依此类推，如果在文件管理软件上再覆盖一层面向用户的窗口软件，则用户可在窗口环境下方便地使用计算机，从而形成一台功能更强的虚机器。

2. 计算机网络

（1）因特网概述

1）网络、互联网和因特网的基本概念

网络由若干结点和连接这些结点的链路组成。网络中的结点可以是计算机、集线器、交换机或路由器等。

网络和网络还可以通过路由器互联起来，构成一个覆盖范围更大的网络，即互联网（或互联网）。

因特网是世界上最大的互联网络。习惯上，将连接在因特网上的计算机称为主机。网络把许多计算机连接在一起，而因特网把许多网络连接在一起。

2）因特网发展经历的三个阶段

因特网的基础结构大体上经历了三个阶段的演进，但这三个阶段在时间上并没有明确划分，因为网络的演进是逐渐发展而不是在某一个特定日期突然变化的。

① 第一阶段：从单个网络 ARPANET 向互联网发展

1969 年美国国防部创建的第一个分组交换网 ARPANET 最初只是一个单个的分组交换网（并不是一个互连的网络）。所有要连接在 ARPANET 上的主机都直接与就近的结点交换机相连。到了 20 世纪 70 年代中期，人们认识到不可能仅使用一个单独的网络来满足所有的通信问题。于是 ARPA 开始研究多种网络（如分组无线电网络）互联的技术，这样的互联网就成为了现在的因特网的雏形。1983 年，TCP/IP 协议成为 ARPANET 上的标准协议，使得所有使用 TCP/IP 协议的计算机都能利用互联网相互通信，因而人们就把 1983 年作为因特网的诞生时间。1990 年，ARPANET 正式宣布关闭，因为它的实验任务已经完成。

② 第二阶段：建成了三级结构的因特网

从 1985 年起，美国国家科学基金会 NSF（National Science Foundation）围绕六个大型计算机中心建设计算机网络，即国家科学基金网 NSFNET。它是一个三级计算机网络，分为主干网、地区网和校园网（或企业网）。这种三级计算机网络覆盖了全美国主要的大学和研究所，并且成为因特网中的主要组成部分。1991 年，NSF 和美国的其他政府机构开始认识到，因特网必将扩大其使用范围，不应仅限于大学和研究机构。世界上的许多公司纷纷接入到因特网，网络上的通信量急剧增大，使因特网的容量已满足不了需要。于是美国政府决定将因特网的主干网转交给私人公司来经营，并开始对接入因特网的单位收费。

③ 第三阶段：逐渐形成了多层次 ISP 结构的因特网

从 1993 年开始，由美国政府资助的 NSFNET 逐渐被若干个商用的因特网主干网替代，而政府机构不再负责因特网的运营。这样就出现了一个新的名词：因特网服务提供者 ISP（Internet Service Provider）。在许多情况下，因特网服务提供者 ISP 就是一个进行商业活动的公司，因此 ISP 又常译为因特网服务提供商。例如，中国电信、中国联通和中国移动就是我国最有名的 ISP。

ISP 可以从因特网管理机构申请到很多地址（因特网上的主机都必须同时有 IP 地址有通信线路才能上网），大的 ISP 自己建造通信线路，小的 ISP 则向电信公司租用通信线路以及路由器等连网设备，因此任何机构和个人只要向某个 ISP 交纳规定的费用，就可从该 ISP 获取所需 IP 地址的使用权，并可通过该 ISP 接入到因特网。所谓"上网"，就是指（通过某个 ISP 获得的 IP 地址）接入到因特网。IP 地址的管理机构不会把一个单个的 IP 地址分配给单个用户，而是把一批 IP 地址有偿租赁给经审查合格的 ISP。由此可见，现在的因特网已不是某个单个组织所拥有而是由全世界无数大大小小的 ISP 所共同拥有的。

根据提供服务的覆盖面积大小以及拥有的 IP 地址数目不同，ISP 也分为不同的层次：主干 ISP、地区 ISP 和本地 ISP。主干 ISP 服务面积最大，一般能覆盖国家范围，并且拥有高速主干网。有一些地区 ISP 网络也可直接与主干 ISP 相连。地区 ISP 是一些较小的 ISP，通过一个或多个主干 ISP 连接起来，它们位于等级中的第二层，数据率也相对较低。本地 ISP 给终端用户提供直接的服务，可以连接到地区 ISP，也可以直接连接到主干 ISP。

因特网的迅猛发展始于 20 世纪 90 年代，已成为世界上规模最大和增长速率最快的计算机网络。由欧洲原子核研究组织 CERN 开发的万维网 WWW（World Wide Web）被广泛使用在因特网上，大大方便了广大非网络专业人员对网络的使用，成为因特网迅猛发展的主要驱动力。

3）因特网的标准化工作

我们知道，标准化工作的好坏对一种技术的发展有着很大的影响。缺乏国际标准将会使技术的发展处于比较混乱的状态，给用户带来较大的不方便。因此，因特网的标准化工作对因特网的发展起到了非常重要的作用。

　　所有的因特网标准都是以 RFC（Request For Comments）"请求评论"的形式在因特网上发表的，所有 RFC 文档都可以从因特网上免费下载。但并非所有 RFC 文档都是因特网标准，只有其中的一小部分最后才会变成因特网标准。

　　因特网的正式标准制定经历了以下四个阶段：

　　① 因特网草案——在这个时期还不是 RFC 文档；

　　② 建议标准——从这个阶段开始成为 RFC 文档；

　　③ 草案标准；

　　④ 因特网标准。

　　（2）TCP/IP 的体系结构

　　在因特网所使用的各种协议中，最重要的和最著名的就是 TCP 和 IP 两个协议。现在经常提到的 TCP/IP 并不一定是单指 TCP 和 IP 这两个具体的协议，而往往是表示因特网所使用的整个 TCP/IP 协议族。TCP/IP 的体系结构比较简单，图 4-3 给出了用这种四层协议表示方法的例子。图中的路由器在转发分组时最高只用到网络层而没有使用运输层和应用层。

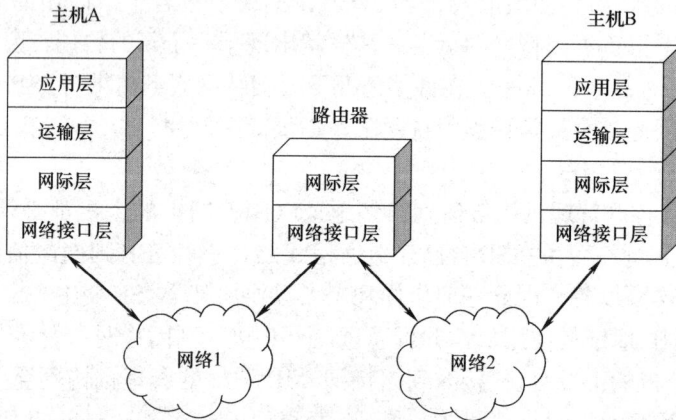

图 4-3　TCP/IP 四层协议的表示方法举例

　　（3）网络安全

　　1）网络安全问题概述

　　随着计算机网络的发展，网络中的安全问题也日趋严重。当网络的用户来自社会各界时，大量在网络中存储和传输的数据就需要保护。

　　计算机网络上的通信面临以下两大类威胁，即被动攻击和主动攻击（图 4-4）。

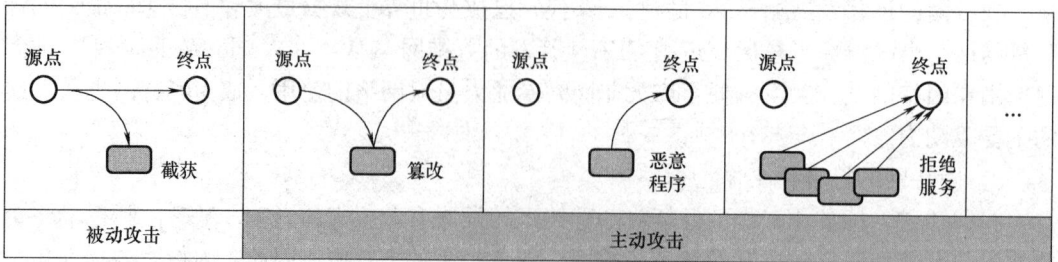

图 4-4　对网络的被动攻击和主动攻击

被动攻击指攻击者从网络上窃听他人的通信内容，把这类攻击通常称为截获。在被动攻击中，攻击者只是观察和分析某一个协议数据单元PDU而不干扰信息流。即使这些数据对攻击者来说是不易理解的，他也可通过观察PDU的协议控制信息部分，了解正在通信的协议实体的地址和身份，研究PDU的长度和传输的频度，以便了解所交换的数据的某种性质。这种被动攻击又称为流量分析。

主动攻击的方式很多，下面列举几种最常见的主动攻击方式。

① 篡改

攻击者故意篡改网络上传送的报文。这里也包括彻底中断传送的报文，甚至把完全伪造的报文传送给接收方。这种攻击方式有时也称为"更改报文流"。

② 恶意程序

恶意程序种类繁多，对网络安全威胁较大的主要有以下几种。

计算机病毒：一种会"传染"其他程序的程序，"传染"是通过修改其他程序来把自身或其变种复制进去完成的程序。

计算机蠕虫：一种通过网络的通信功能将自身从一个结点发送到另一个结点并自动启动运行的程序。

特洛伊木马：一种程序，它执行的功能并非所声称的功能而是某种恶意的功能。比如，一个编译程序除了执行编译任务以外，还把用户的源程序偷偷地复制下来，则这种编译程序就是一种特洛伊木马。计算机病毒有时也以特洛伊木马的形式出现。

逻辑炸弹：一种当运行环境满足某种特定条件时执行其他特殊功能的程序。比如，一个编辑程序，平时运行得很好，但当系统时间为13日又为星期五时，它会删去系统中所有的文件，这种程序就是一种逻辑炸弹。

这里讨论的计算机病毒是狭义的，也有人把所有的恶意程序泛指为计算机病毒。

③ 拒绝服务

指攻击者向因特网上的某个服务器不停地发送大量分组，使因特网或服务器无法提供正常服务。若从因特网上成百上千的网站集中攻击一个网站，则称为分布式拒绝服务。有时也把这种攻击称为网络带宽攻击或连通性攻击。

对于主动攻击，可以采取适当措施加以检测。但对于被动攻击，通常却是检测不出来的。根据这些特点，可得出计算机网络通信安全的目标如下：

① 防止析出报文内容和流量分析。

② 防止恶意程序。

③ 检测更改报文流和拒绝服务。

对付被动攻击可采用各种数据加密技术，而对付主动攻击，则需将加密技术与适当的鉴别技术相结合。

针对这些目标，我们可以得出计算机网络安全主要有以下一些内容。

① 保密性

为用户提供安全可靠的保密通信是计算机网络安全最为重要的内容。尽管计算机网络安全不仅仅局限于保密性，但不能提供保密性的网络肯定是不安全的。网络的保密性机制除为用户提供保密通信以外，也是许多其他安全机制的基础。例如，访问控制中登录口令的设计、安全通信协议的设计，以及数字签名的设计等，都离不开密码机制。

② 安全协议的设计

人们一直希望能设计出一种安全的计算机网络，但不幸的是，网络的安全性是不可判定的。目前在安全协议的设计方面，主要是针对具体的攻击设计安全的通信协议。

③ 访问控制

访问控制也叫做存取控制或接入控制。必须对接入网络的权限加以控制，并规定每个用户的接入权限。网络是个非常复杂的系统，网络的访问控制机制是建立在操作系统的访问控制机制之上的，其访问控制机制比操作系统的访问控制机制更复杂，尤其在更高安全级别的情况下更是如此。

2）防火墙与入侵检测

防火墙作为一种访问控制技术，通过严格控制进出网络边界的分组，禁止任何不必要的通信，从而减少潜在入侵的发生，尽可能降低这类安全威胁所带来的安全风险。由于防火墙不可能阻止所有入侵行为，作为系统防御的第二道防线，入侵检测系统通过对进入网络的分组进行深度分析与检测发现疑似入侵行为的网络活动，并进行报警以便进一步采取相应措施。

① 防火墙

防火墙是一种特殊编程的路由器，安装在一个网点和网络的其余部分之间，目的是实施访问控制策略。图 4-5 指出防火墙位于因特网和内部网络之间。因特网这边是防火墙的外面，而内部网络这边是防火墙的里面。一般都把防火墙里面的网络称为"可信的网络"，而把防火墙外面的网络称为"不可信的网络"。

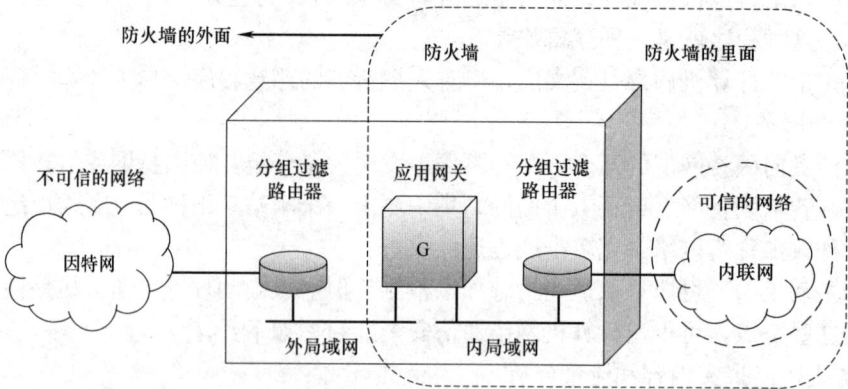

图 4-5　防火墙在互联网络中的位置

② 入侵检测系统

防火墙试图在入侵行为发生之前阻止所有可疑的通信。但事实是不可能阻止所有入侵行为的。因此，有必要采取措施，在入侵已经开始，但还没有造成危害或造成更大危害前，及时检测到入侵，并尽快阻止入侵，把危害降低到最小。入侵检测系统 IDS（Intrusion Detection）正是这样一种技术。IDS 对进入网络的分组执行深度分组检查，当观察到可疑分组时，向网络管理员发出警告或执行阻断操作（IDS 的"误报"率通常较高，多数情况不执行自动阻断）。IDS 能用于检测多种网络攻击，包括网络映射、端口扫描、DoS

攻击、蠕虫和病毒、系统漏洞攻击等。

3. 数据库

（1）数据库概述

1）数据库技术的产生

在 20 世纪 60 年代中期，数据管理技术处于文件系统和倒排文件系统阶段，满足不了计算机应用的需求。1963 年，美国 Honeywell 公司的数据存储系统 IDS（Integrated Data Store）投入运行。1965 年美国一家火箭公司利用这个系统帮助设计了阿波罗登月火箭，推动了数据库技术的产生。许多厂商和组织也都投入到新的数据管理技术的研究和开发中。此时，磁盘技术也取得重要进展，大容量和快速存取的磁盘陆续进入市场，成本也不高，这就为数据库技术的产生提供了良好的物质条件。

数据管理技术进入数据库阶段的标志是 20 世纪 60 年代末的三件大事：IMS 系统、DBTG 报告和 E. F. Codd 的文章。

① IMS 系统（1968 年）

IBM 公司研制的 IMS（Information Management System）系统是一个典型的层次数据库系统。1968 年研制成功了 IMS/1，在 IBM360/370 机上投入运行，1969 年 9 月投入市场后又于 1974 年推出 IMS/VS（Virtual System）版本，在操作系统 OSVS 支持下运行。

② DBTG 报告（1969 年）

CODASYL 是美国数据系统语言协会（Conference On Data Systems Languages）的缩写。该组织是由用户和厂商自发组织的团体，成立于 1959 年。该组织有两大贡献，一是在 1960 年提出 COBOL 语言，二是在 1969 年提出 DBTG 报告。"DBTG 报告"在 1971 年 4 月正式通过，对数据库和数据操作的环境建立了标准的规范。

以后，根据 DBTG 报告实现的系统一般称为 DBTG 系统（或 CODASYL 系统），它是一种网状数据库系统，在 20 世纪 70 年代至 80 年代中期得到了广泛的、卓有成效的应用。

③ E. F. Codd 的文章（1970 年）

第一次提出关系模型的文章是 E. F. Codd 于 1970 年在美国计算机学会通信杂志（CACM）发表的"A Relation Model of Date for Large Shared Data Banks"一文。关于数据库的许多概念都是这篇文章思想的继承和发展。这篇文章奠定了关系数据库的理论基础，使关系数据库从一开始就建立在集合论和谓词演算的基础上。由于关系模型极其简单，它完全能为任何数据库系统提供统一的结构。交给用户用来设计数据库的逻辑结构只有一种——二维表，用户不必涉及链接、树、图、索引等方面的复杂事情。

20 世纪 80 年代关系数据库产品逐步投入市场，并逐步取代层次、网状产品，成为主流产品。目前成功的产品有 DB2、Sybase、Oracle、SQL Server 和 Informix 等。

2）数据库阶段的特点

数据库系统克服了传统文件系统的缺陷，提供了对数据更高级、更有效的管理。概括起来，数据库阶段的数据管理具有以下特点。

① 采用数据模型表示复杂的数据结构。数据模型不仅描述数据本身的特征，还要描述数据之间的联系。这种联系通过存取路径实现。通过所有存取路径表示自然的数据联系

是数据库系统与传统文件系统的根本区别。这样，数据不再面向特定的某个或多个应用，而是面向整个应用系统。数据冗余明显减少，实现了数据共享。

② 有较高的数据独立性。数据的逻辑结构与物理结构之间的差别可以很大。用户以简单的逻辑结构操作数据而无需考虑数据的物理结构。数据库的结构分为用户的局部逻辑结构、数据库的整体逻辑结构和物理结构三级（见图4-6）。用户（应用程序或终端用户）的数据和外存中的数据之间的转换由数据库管理系统实现。

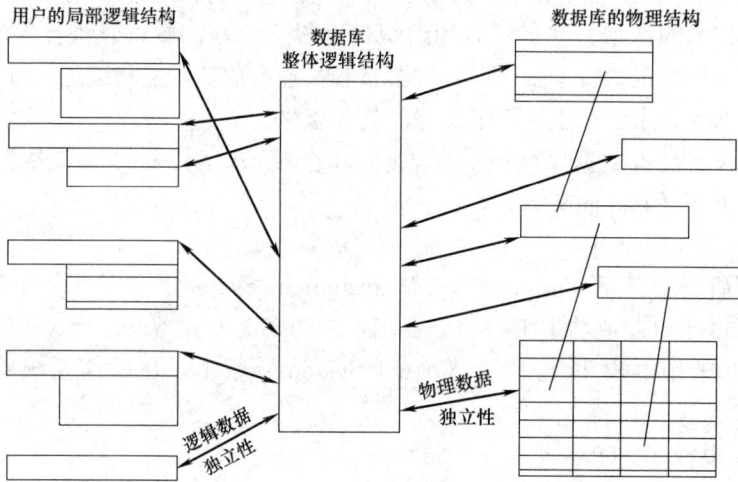

图 4-6　数据库系统的结构

③ 数据库系统为用户提供了方便的用户接口。用户可以使用查询语言或终端命令操作数据库，也可以用程序方式（如用 COBOL、C 一类高级语言和数据库语言联合编制的程序）操作数据库。

④ 数据库系统提供以下四方面的数据控制功能。

数据库的并发控制：对程序的并发操作加以控制，防止数据库被破坏，杜绝提供给用户不正确的数据。

数据库的恢复：在数据库被破坏或数据不可靠时，系统有能力把数据库恢复到最近某个正确状态。

数据的完整性：保证数据库中数据始终是正确的。

数据安全性：保证数据的安全，防止数据丢失或被窃取、破坏。

⑤ 增加了系统的灵活性。对数据的操作不一定以记录为单位，可以数据项为单位。

上述五个方面构成了数据库系统的主要特征。这个阶段的程序和数据的联系通过数据库管理系统（DBMS）实现，如图4-7所示。

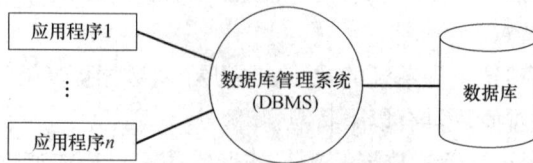

图 4-7　程序和数据间的联系

3）数据库技术的术语

在数据库应用中，常用到 DB、DBMS、DBS 等术语，下面将做简单介绍。

① 数据库（Database，简记为 DB）

DB 是长期存储在计算机内，有组织的、统一管理的相关数据的集合。DB 能为各种用户共享，具有较小冗余度、数据间联系紧密而又有较高的数据独立性等特点。

② 数据库管理系统（Database Management System，简记为 DBMS）

DBMS 是位于用户与操作系统（OS）之间的一层数据管理软件，它为用户或应用程序提供访问 DB 的方法，包括 DB 的建立、查询、更新及各种数据控制。

DBMS 总是基于某种数据模型，可以分为层次型、网状型、关系型和面向对象型等。

③ 数据库技术

数据库技术是研究数据库的结构、存储、设计、管理和使用的一门软件学科。

数据库技术是在操作系统的文件系统的基础上发展起来的，而且 DBMS 本身要在操作系统支持下才能工作。数据库与数据结构之间的联系也很密切，数据库技术不仅要用到数据结构中链表、树、图等知识，而且还丰富了数据结构的内容。应用程序是使用数据库系统最基本的方式，因为系统中大量的应用程序都是用高级语言（例如 COBOL、C 等）加上数据库的操纵语言联合编制的。集合论、数理逻辑是关系数据库的理论基础，很多概念、术语、思想都直接用到关系数据库中。因此，数据库技术是一门综合性较强的学科。

④ 数据库系统（Database System，简记为 DBS）

DBS 是实现有组织地、动态地存储大量关联数据，方便多用户访问的计算机硬件、软件和数据资源组成的系统，即它是采用数据库技术的计算机系统。

（2）数据库技术的发展

20 世纪 70 年代，层次型、网状型、关系型等三大数据库系统奠定了数据库技术的概念、原理和方法。从 20 世纪 80 年代起，数据库技术不断与其他计算机分支结合，向高一级的数据库技术发展。高级数据库技术有以下一些分支。

1）分布式数据库技术

在这一阶段以前的数据库系统是集中式的。在文件系统阶段，数据分散在各个文件中，文件之间缺乏联系。集中式数据库把数据集中在一个数据库中进行集中管理，减少了数据冗余和不一致性，而且数据联系比文件系统强得多。但集中式系统也有弱点：一是随着数据量增加，系统相当庞大，操作复杂、开销大；二是数据集中存储，大量的通信都要通过主机，会造成拥挤。随着小型计算机和微型计算机的普及和计算机网络软件和远程通信的发展，分布式数据库系统崛起了。

分布式数据库系统主要有下面三个特点：数据库中的数据在物理上分布在各个场地，但逻辑上是一个整体；每个场地既可以执行局部应用（访问本地 DB），也可以执行全局应用（访问异地 DB）；各地的计算机由数据通信网络相连接，本地计算机不能单独胜任的处理任务，可以通过通信网络取得其他 DB 和计算机的支持。

分布式数据库系统兼顾了集中管理和分布处理两个方面，因而有良好的性能，具体结构见图 4-8。

2）面向对象数据库技术

在数据处理领域，关系数据库的使用已相当普遍、相当出色。但是现实世界存在着许

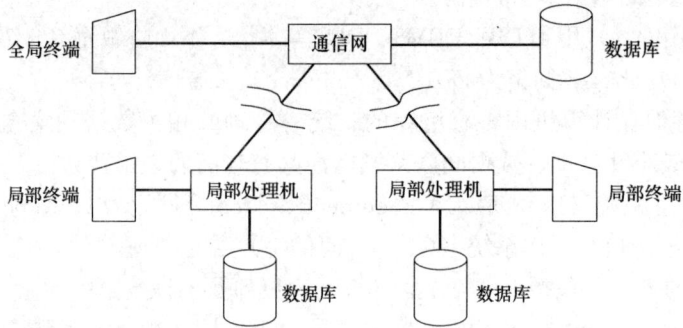

图 4-8　分布式数据库系统

多具有更复杂数据结构的实际应用领域，已有的层次型、网状型、关系型等三种数据模型对这些应用领域都显得力不从心。例如多媒体数据、多维表格数据、CAD 数据等应用问题，需要更高级的数据库技术来表达，以便于管理、构造与维护大容量的持久数据，并使它们能与大型复杂程序紧密结合。而面向对象数据库正是适应这种形势发展起来的，它是面向对象的程序设计技术与数据库技术结合的产物。

面向对象数据库系统主要有以下两个特点：面向对象数据模型能完整地描述现实世界的数据结构，能表达数据间嵌套、递归的联系；具有面向对象技术的封装性（把数据与操作定义在一起）和继承性（继承数据结构和操作）的特点，提高了软件的可重用性。

3）各种新型的数据库技术

数据库技术是计算机软件领域的一个重要分支，经过三十余年的发展，已形成相当成熟的理论体系和实用技术。而且尽管受到相关学科和应用领域（如网络、多媒体等）的影响，但数据库技术的研究并没有停滞，仍在不断发展，并出现许多新的分支。如：演绎数据库、主动数据库、基于逻辑的数据库、时态数据库、模糊数据库、模糊演绎数据库、并行数据库、多媒体数据库、内存数据库、联邦数据库、工作流数据库、工程数据库、地理数据库等。

第二节　热线服务系统

1. 概述

随着社会的发展，用户对供水企业服务质量要求越来越高，开通 24 小时服务热线，有助于为用户提供全方位的用水服务，也有助于供水企业集中处理用户诉求，分类处理不同的用水问题。

作为企业统一的供水服务平台，24 小时热线承载着企业与用户联系的桥梁和纽带作用，其服务水平很大程度上体现了供水企业的服务水平。优秀的 24 小时服务热线能够及时应答用户的来电，充分理解用户诉求，最大程度缓解因沟通理解问题产生的企业与客户的矛盾，并在第一时间回复用户的咨询，或将其他具体问题分类分发到职能部门，等待处理反馈。

一个完善的热线服务系统将可观地减少话务人员的工作量，极大地提高信息接报处理效率，实现"一号通"，多台分机同步处理。同时，系统将储存用户的所有来电录音，有效地帮助企业处理相关纠纷，并且提供专业细致的数据分析，最大化地发挥 24 小时服务热线的价值和作用。

从各方面分析，热线服务系统的使用主要有以下积极意义。

1）对广大用户的意义

能够通过电话、短信、电子邮件、传真、网站等渠道全方位与供水企业进行信息交流和互动。通过 24 小时热线，第一时间将自己的需求反映到供水企业，查询问题受理情况，享受优质高效的服务。

2）对热线座席人员的意义

为热线座席人员提供方便、专业的座席系统，提供专业的服务数据录入、服务跟踪和查询的平台，扩展服务人员的知识面和业务面。

比如，扩展其他业务系统（营业收费系统、用户报装系统等），提供常用知识查询（常用电话本、业务知识、水质指标、消毒排污数据等），提供各类公告（停水公告、通知公告等）。

3）对热线管理者的意义

能及时掌握 24 小时服务热线的运营情况，了解每一个座席人员的工作情况，了解用户反映最集中的问题，同时了解相关营业所和职能部门的工作动态。

4）对相关营业所和职能部门的意义

能及时了解、处理用户反映的问题并将处理结果反馈到热线。同时，也能将本部门发生的与用户直接相关的事件反映到热线，方便话务人员答复用户。

5）对企业领导者的意义

能提高企业全体员工的对外服务理念，优化内部服务链，及时了解用户反映最集中的问题，了解企业在用户服务方面的状况，并通过服务质量的提升来提高用户满意度，树立企业品牌形象。

2. 系统设计

（1）总体框架

热线服务系统大致可分为以下 6 个子系统。

1）软硬件平台：电话接线平台、语音卡等支持整个热线系统的软硬件设备。

2）基本自动语音应答系统：针对用户日常简单常用的查询内容，设置自动语音应答系统，根据用户需求，可转接以下选项，比如，转人工、水费查询、水价查询、政策法规、水质查询、水压查询、停水公告、紧急公报、报漏报修留言等。

3）座席系统：一般可分为联机座席、远程座席。联机座席指热线服务系统的座席系统，具备电话的接听等话务功能。远程座席一般指其他营业所和相关职能部门人员及相关领导进行业务处理时使用的座席程序，不具备话务功能。

4）座席扩展应用：座席扩展应用严格意义上来说不算子系统，而是其他业务类相关系统热线服务系统日常工作中的应用。比如，营业收费系统、报装查询、停水公告、短信平台等。

5）中心管理系统：为热线服务系统的管理系统，一般包括如下模块的功能：基础数据、流程管理、话务分析、业务分析、留言管理、传真管理、知识问答、文档管理、公告板等。

6）大屏幕监控：一般设置在醒目位置，可实时显示当前话务量情况、停水通告、紧急通告等。

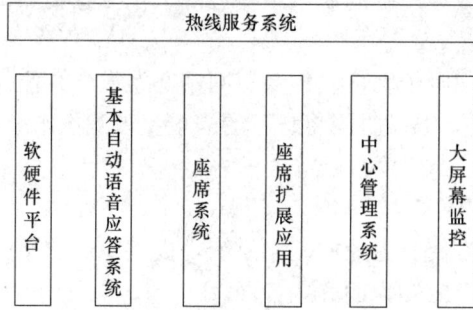

图 4-9　热线服务系统及其子系统

（2）工作基本流程（图 4-10）

用户向 24 小时服务热线反映情况后，热线根据用户的具体反映内容，决定处理方法。比如，咨询类问题（如水费查询、水价咨询等）当场回复用户，报修类问题（如管道破裂、表箱漏水）或用水问题（如无水、水压过小）等，记录下用户的基本信息（如联系电话、反馈地址、反馈问题、称呼方式等）后，根据用户反映的具体问题，下发到各营业所或职能部门，我们也将这一过程称为"派单"。

各营业所或职能部门的相关人员接到热线下发的任务之后，应及时联系用户处理问题，如有需要，则提交相关审核申请等待领导审核。待处理完毕后，将处理过程及结果的详细描述反馈给热线，如过程中有视频、照片等资料，一并反馈，以便热线回复用户。

如有条件，热线派单将实现全程监控，相关人员处理工单全过程的关键环节（如接单时间、到场时间、处理完成时间、销单时间等）将全部反馈给热线服务系统，做到工单全生命流程透明可视。

相关领导接到营业所或相关职能部门的审批请求后，将根据实际情况决定审批通过或不通过，审批结果将自动反馈给热线服务系统。

热线服务系统将定期对用户进行回访，聆听用户反馈，审查工单完成情况，听取用户意见建议，作为下一步工作（监督考核、改进提高）的参考依据。

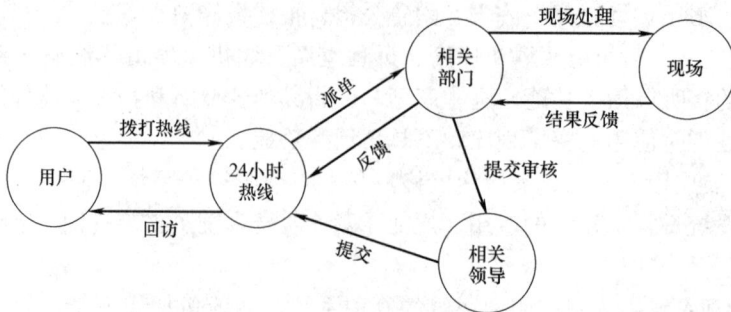

图 4-10　24 小时服务热线工作基本流程图

3. 主要功能

热线服务系统是 24 小时服务热线主要使用的软件系统，其功能强大，能够帮助热线完成大部分的日常工作。这样一个热线服务系统拥有许多强大的功能，这里将重点介绍其最具特色的几项内容。

（1）PABX 电话交换机

电话交换机是热线服务系统的核心，其具有标准的交换功能，且内置了 ACD 软件，具有自动排队、语音识别、传真收发等增值功能。其主要功能如下：

1）支持多种接口协议接入，所有信令都集成在相应的语音卡中，不需要专门配备单独的信令卡。

2）传真、语音、数据一体化集成。

3）具备呼叫转移、遇忙转移、缩位拨号、免打扰、秘书电话、选线拨出、多方会议、话务监听、代接分机等程控功能。支持向分机传送来电号码。

4）每个分机可以设置一个动态号码。

5）每个分机可独立控制其程控功能、呼出级别。

6）可设置 IP 字头，自动使用 IP 电话拨打长途电话。

7）有多个内部设备分组（ACD 组），包括话务组、分机组、座席组、技能组，每个组具有可拨打的独立号码，可单独设置排队时间、队列长度、振铃模式等。

8）多个可登录座席，每个座席可具备多种技能的组合。

9）内置基本路由及排队功能，可将呼叫路由分配到指定的分机、分机组、座席、座席组等，并可根据技能，将呼叫路由分配到合适的技能组。当呼叫转入 ACD 组，可以按设定的模式（顺序、轮转、抢接）自动分配呼叫。队列无可用分机时，自动进入排队，并给呼入者播放等待音乐。队列溢出或排队超时，自动播放致歉辞并挂机。

（2）座席系统

座席系统是热线服务系统的重要组成部分。热线的座席员可以利用座席系统进行电话的接听、回访、录音、转接、电话会议等功能，也可以进行业务登记、派单、跟踪、查询，并可利用扩展区进行知识学习、用户相关信息（如报装、营业收费）查询、水司实时信息（如停水、公告板、水质、水压等）查询。

各营业所和相关职能部门可以利用座席系统登记其他形式的受理记录、接收热线派发的任务、打印任务单、进行现场处理、反馈处理信息等。各领导可以利用座席系统进行任务的查询、跟踪、审核等工作。

座席系统分联机座席和远程座席两种类型。座席员连接座席话机，具备电话的接听等话务功能，称为联机座席；其他营业所、相关职能部门人员、相关领导可以利用座席程序进行业务处理，但不具备话务功能，称为远程座席。

热线结合联机座席功能和远程座席功能于一身，是供水企业处理业务数据、登记、流转、跟踪、查询的最佳场所。座席程序采用扩展机制，将其他相关业务系统集成到座席系统，拓展座席人员的知识面和信息量，更好地为用户服务。

（3）自动语音应答系统

自动语音应答系统简称 IVR（Interactive Voice Response），是热线服务系统的一个重要组成部分。

IVR 提供对自助流程的控制。用户接通电话后，系统调用预先录制好的语音进行播放和用户进行自助语音交流，引导用户进行操作，收集用户资料。根据具体业务的不同进入不同的业务流程，并提供与人工座席的灵活切换。根据业务的变化，可以实时修改 IVR 流程，IVR 提供语音工具，便于热线管理人员进行语音的录制、编辑、合成及播放。

系统提供 IVR 流程编辑器，热线管理人员可以利用该工具进行流程编辑，设计自己的语音自助流程，如播放欢迎词，播放主菜单等。

图 4-11 自动应答功能的示意流程图，其中的水费查询和停水信息查询的基本流程又如图 4-12 和图 4-13 所示。

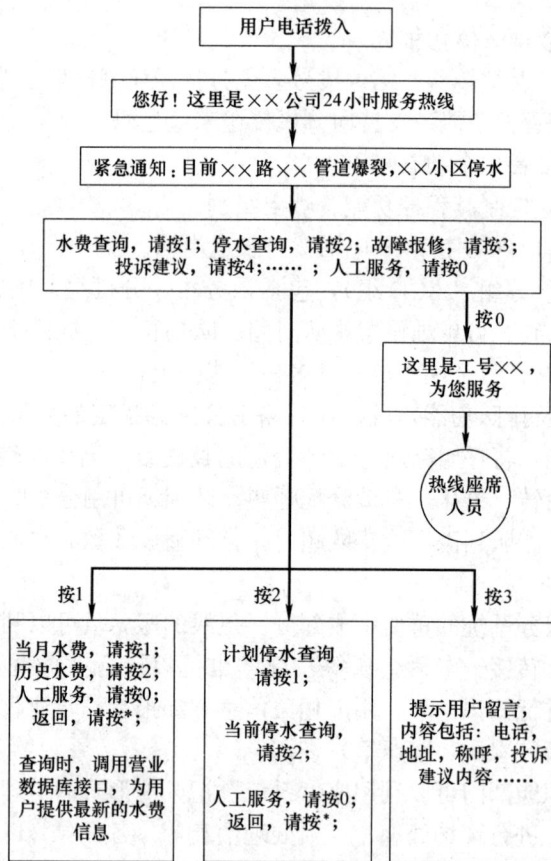

图 4-11　自动应答功能示意流程图

IVR 和其他业务系统是相关联的，如水费查询，系统可以播报用户欠费信息，也可以根据用户的输入查询某年某月的水费记录，这些水费信息来源于营业收费系统数据库。对报装进度的查询信息则来源于报装系统数据库。

对于停水、水价、政策法规等相关的内容提供专用功能模块，可以将文本或录制好的语音上传到服务器上，在用户查询时自动播放。

（4）话务录音功能

热线服务系统具有录音功能，能对各座席进行全天候的实时录音，录音文件以音乐文

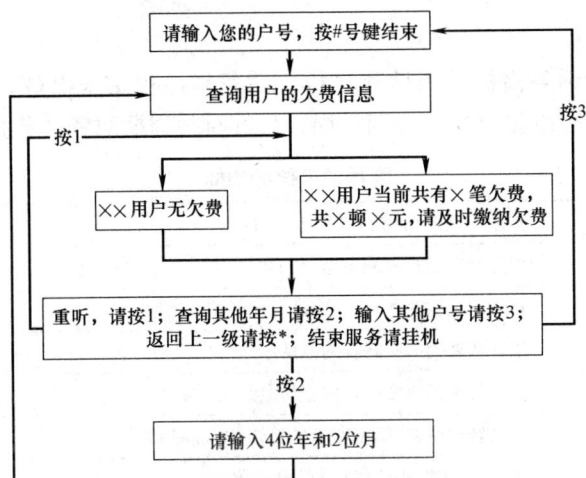

图 4-12 水费查询自动应答流程图

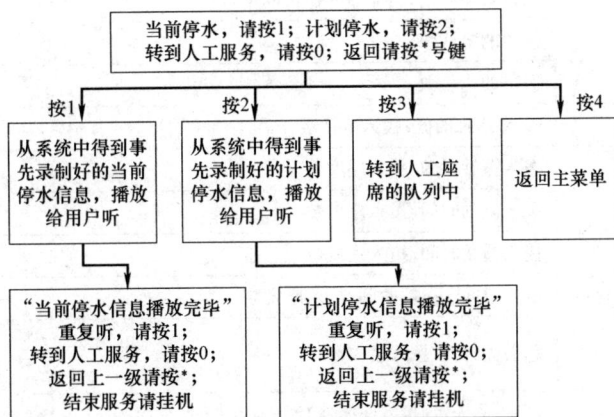

图 4-13 停水信息咨询自动应答流程图

件格式（WAV，mp3 等）存储，记录来电号码、时间、座席员工号等，并能根据这些条件对录音信息进行查询，回放重听。

录音服务器配置大容量硬盘，可保存几千小时以上的录音文件，作为近期录音文件的存储，再配置刻录光盘作为录音备份，以长期保存录音文件。

（5）话务分析功能

话务分析以热线服务系统的实时数据为基础，结合座席员的活动数据，提供相关话务统计功能。主要包括以下功能：

1）话务详单查询

可以按拨入、拨出、拨入丢失、拨入接通、座席、来电号码等多项过滤条件查询热线的来电和去电信息。

显示话务的详细内容，包括来电号码、接听分机号码、通话时间、排队时间、自动应答时间等。

由于平台对每个话务记录进行全程录音，因此，可以选择某话务记录，进行录音回放。

2）话务指标统计

可以按条件进行话务指标的统计和分析。话务指标包括来电数、去电数、连接座席数、未连放弃数等。可以按时段、日期、周、月等时间周期对各话务指标进行图表分析。

常用话务统计指标　　　　　　　　表 4-1

拨入电话数（次）	指用户拨入热线 IVR 的电话数
拨入座席数（次）	指用户电话转移到座席组的数目
拨入连接数（次）	指用户电话拨入座席，座席并摘机的电话数
拨入电话转移数	指在座席间人工转移的电话数
拨入 IVR 退出数	指未转移到座席组前放弃的电话数
拨入未接放弃数	指已转到座席，但座席摘机前放弃的电话数
进入队列数	指 IVR 排队时间大于 0 的电话数
拨入队列放弃数	指在 IVR 排队后放弃的电话数
拨入丢失数	已拨入座席组，当座席未摘机的座席数
拨出电话数	拨出的电话数
拨出连接数	拨出的连接数
平均 IVR 时间	拨入 IVR 时间/拨入电话数
平均振铃时间	拨入振铃时间/拨入座席数
平均队列时间	拨入队列时间/拨入座席数
平均通话时间	拨入通话时间/拨入连接数
平均等待时间	队列时间＋振铃时间/拨入座席数
平均拨入丢失时间（平均放弃时间）	总丢失时间/拨入丢失数
丢失率%	（拨入丢失数/拨入座席数）×100%
队列放置率%	（进入队列的电话数/拨入座席数）×100%
转接呼叫率%	座席接到电话转给其他人员接听的电话的百分率（拨入电话转移数/拨入连接数）×100%
服务等级	回答时间＝振铃时间＋队列时间 门限时间：X 服务水平＝（回答时间少于 X 秒的电话数/拨入座席数）×100%
服务水准（接听等级）	接听时间＝振铃时间 门限时间：X 接听等级＝（接听时间少于 X 秒的电话数/拨入连接数）×100%

3）业务分析

对系统录入的各类业务数据进行查询、统计、分析，其主要包含以下功能：

① 快速查询

根据不同的处理时限以及业务的当前状态（如需要跟踪、需要回复、待办工作等）进行快速查询和定位。

② 条件查询

根据业务的当前状态（如所在流程、所在环节等）以及关键信息字段（如任务编号、反映来源、反映形式、反映人、联系电话、反映地址、接线员工号等）进行条件输入并查询结果。

③ 分类统计

根据关键分类字段，如反映来源、反映形式、反映区域、业务类别对各分支模块业务进行分类统计和汇总。如表 4-2 按反映区域进行统计。

按反映区域统计样表　　　　　　　　　　　　　　表 4-2

日期范围：2018-12-1—2018-12-31

反映类别	来电	来信	网上接报	合计
营业所 1				
营业所 2				
营业所 3				
合计				

④ 业务指标统计

按各业务分支机构统计业务指标样表　　　　　　　表 4-3

反映类别	营业所 1	营业所 2	营业所 3	合计
下单数				
普通投诉				
特殊投诉				
未回执				
已回执数				
已处理数				
办结率				
…				

⑤ 通用查询和统计

也称作自定义查询，可根据需要构造查询条件和显示列表，动态输入查询参数显示查询结果。

（6）大屏幕监控系统

大屏幕监控系统上一般会显示当前热线服务系统运行情况（比如话务量、排队情况、坐席登录情况等），以及对话务、业务指标的监控。该系统一般包含两类监控内容：平台监控、话务业务监控。

平台监控包括：中继状态监控、IVR 状态监控、活动座席分机监控、排队情况监控等。

话务业务监控包括：今日主要通话指标、今日主要服务指标、未处理信息、停水公告、水质公告、公告板等。

（7）公告板

热线的管理人员可以在此发布企业有关停水、冲洗排污（降压）、水质等相关公告信息。

座席员和各营业所（相关职能部门）业务人员可以通过子系统查看系统的公告信息。

（8）文档管理

系统具备文档管理功能，可以将文档归类分组，进行录入。

管理人员可以将企业有关的规章制度、用水条例、营业手册、服务指南、企业通信等相关资料内容分类进行管理录入查询。

第三节　营业收费系统

1. 概述

营业收费系统是供水企业的重要业务系统之一。该系统功能强大，除了收费之外，还包含了企业供水营销管理与客户服务中的许多方面，是企业开展面向用户服务的基础。

营业收费系统中存储了企业所有用水用户的基本信息，为了方便企业管理，这些用户被编入了各自的册本，企业以册本为单位，进行表的抄读、周期更换等管理。每个用户都会有一个独立的户号，用户以户号为单位进行水费清缴。系统还拥有账务处理、用户查询、档案管理、票据管理等功能，按需进行各种处理。

2. 系统设计

（1）程序系统的组织结构

供水营业水费系统的组织结构如图 4-14 所示。

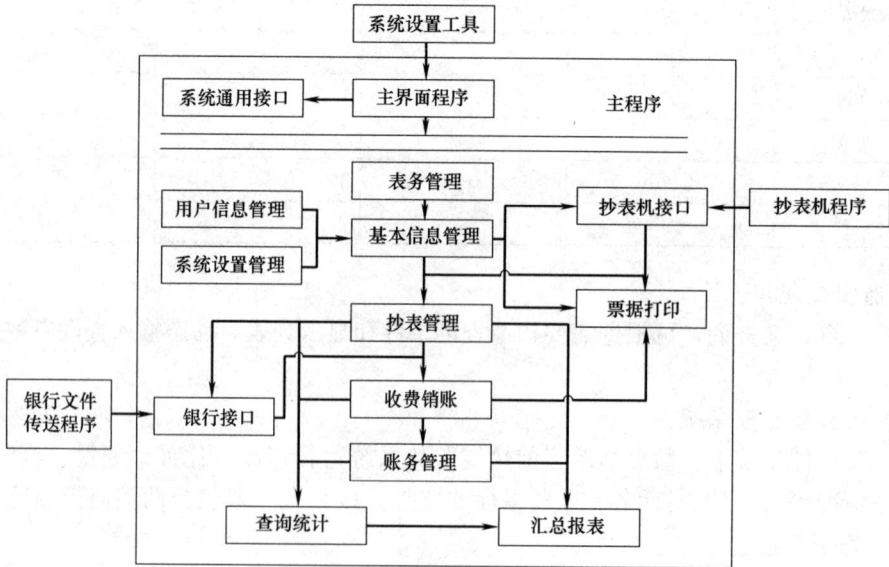

图 4-14　营业收费系统组织结构图

（2）功能模块介绍

1）档案管理模块

档案管理的业务流程见图 4-15，用户资料通过"立户操作"增加到系统的客户资料库中；可对系统中的用户资料进行修改维护管理；对于已经拆表并缴清欠费的用户资料可以进行销户处理。

图 4-15 档案管理业务流程图

档案管理模块的设计要点如下：

① 用户资料信息只能加入不能删除，用户资料信息是终身存在的，对于以后不再用水，并缴清欠费的用户资料可作销户处理，但信息仍然存在。

② 用户资料信息有一个数字型的编号，称户号。户号一经分配就终身不变并保证全局唯一，其他关联信息如果要引用用户资料信息，只需保持对户号字段的引用即可。

③ 用户资料的大量信息存在业务逻辑，操作人员不能直接通过编辑资料信息进行变更，只能通过其他业务逻辑操作（各类工单操作）进行间接变更。

④ 对用户资料的任何直接和间接的变更操作都应有变更历史的记录，有相应类型变更的报表，并能够追查错误变更的责任。

2）抄表管理模块

抄表管理的业务流程如图 4-16 所示，各营业区域抄表负责人根据本营业区域的具体情况，编排每个月的抄表计划，抄表计划以每个抄表工的抄表路线为单元进行管理并可以精确到天；根据抄表数据录入情况监督抄表计划的完成进度；在月底根据抄表计划和实际完成的情况，从数量和资料上对每个抄表工进行考核。

抄表工根据每个月的抄表计划进行工作安排，在规定的时间里下载抄表任务到掌上机或其他软件系统，并根据任务安排的表册进行实地抄表。对于有相关第三方软件辅助的也在同时间进行本地或远程抄表。

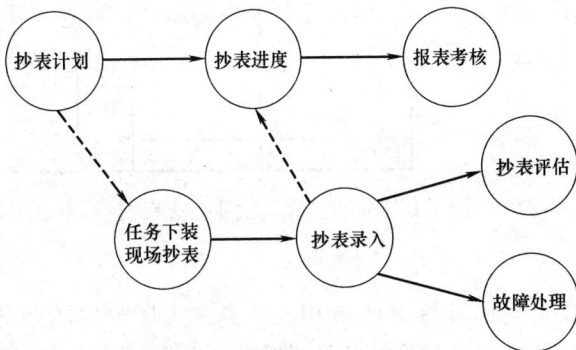

图 4-16 抄表管理业务流程图

阶段抄表任务完成后将数据人工录入或上传录入。

抄表数据录入系统后可以在相应时间对这些数据进行评估，生成用户的费用信息。

抄表数据如果包含用户用水的非正常信息，则可以进行故障处理，生成后续处理工单进行处理。

抄表管理模块的设计要点如下：

① 系统支持多种形式的抄表方式和多种抄表数据来源，如人工抄表、掌上机抄表、手机抄表、第三方系统抄表等。

② 操作员不用单独生成拆换水量，系统能够同时处理多条水表拆换、水表归零、抄表估收的情况。

③ 正常情况系统限制每个用户一个月只能进行一次抄表录入工作；对于拆表水量或者确实需要多次抄表并生成费用的，系统通过增加抄表的特殊处理机制进行。

④ 对于抄表录入后的数据，系统可以进行评估和故障处理，以保证后续工作正常有序进行。

⑤ 对于没有生成费用的抄表记录，操作人员可以多次录入或修改；已经生成费用的记录则被锁定，操作员不能直接修改，必须先取消费用然后进行修改。

⑥ 针对通过系统功能生成的拆换任务，可根据选择的自动估算标志自动计算估收水量。

3）水表管理模块

水表管理模块的业务流程如图 4-17，主要是两大功能，一块是以水表仓库为中心的出入库和库存管理，一块是以现场水表为中心的水表工单处理。

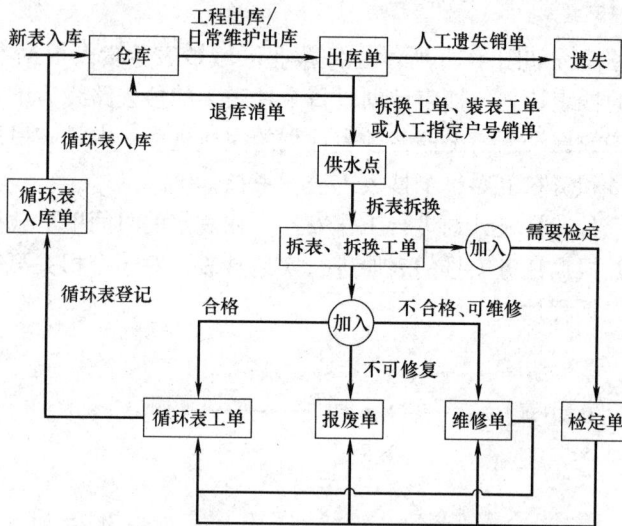

图 4-17 水表管理模块业务流程图

4）收费管理模块

收费管理模块主要针对营业厅的收费相关业务。大厅收费的业务流程如图 4-18，收费员选择欠费数据后进行销账，根据用户要求选择是否开票，并在每日工作后进行对账。

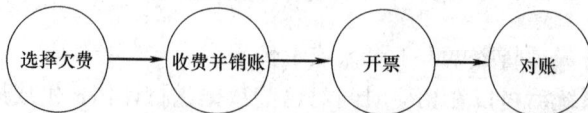

图 4-18 大厅收费业务流程图

5）账务管理模块

收费管理模块的设计要点如下：

① 系统支持水价的分类、水价的定义和变更业务。

② 系统提供逾期违约金的自动计算，可根据实际情况定义违约金计算的相关参数和涉及的用户。

③ 系统提供大量费用处理工单，包括减免类、冲红类、更改抄见、追加抄表、费用追收等类型的工单。

6) 查询统计模块

查询统计模块的设计要点如下：

① 系统提供用户信息查询、自定义查询、自定义统计模块。

② 用户信息查询支持常用模糊条件、显示内容全面。

③ 自定义查询、统计字段全面，可以设置动态参数。

（3）工单机制

工单机制是一种简单的工作流，它拥有生成、审批、处理三个环节，可以根据需要决定某个业务是在生成后完成、审批后完成、还是在处理后完成。每个环节都有对应的权限，一个业务的各个环节只有拥有操作权限的人才能看到并操作。业务人员查看某种业务的办理情况也需要相应的权限。

工单管理的主要功能有：

1) 流程定义：定义某类工单的流程，是必须经过审批才能执行，还是生成时就可以执行。定义各个环节对应的角色，只有拥有该角色的员工才能进行该环节的操作。定义各员工的审批等级。审批要求按金额逐级审批，由低到高，直到审批该业务的员工具有审批该业务的权限为止。定义工单流转各个环节的有效期，及各个环节超期的结果。

2) 工单流转：针对不同的工单的各个环节都有不同的操作，只有当某个环节完成后，才能流转到下一个环节。

3) 工单查询：业务人员可以查询某个工单当前所处的位置，如是在审批阶段还是在处理阶段，是哪个员工接收的等信息。

3. 主要功能

（1）档案管理

档案管理的功能主要是建立、维护及管理用户档案，包括表卡档案、账户信息档案、水表信息档案等。

系统记录用户档案的每次变更，将某时期的水费和该时期的用户档案正确关联。确保水费和用户档案信息的同步，能够正确统计历史某个时间点的用户档案信息和关联的水费信息。

档案管理支持一个缴费用户的多表卡管理，一般以设定同一个客户号实现。根据变更的档案信息的不同，将设定不同的领导审批和核查管理权限。

这里介绍几个重要的标识号。

在用户档案信息管理中，户号为每个用户的唯一标识号，一般由系统自动生成，一旦确定，不可更改，且不存在重复的户号。一般可将系统中所有的户号设定为固定位数，并有一个固定设置规则。用户销户后，该户号将不能抄表，但是信息仍在数据库中，仍然可以催缴、收费，只是状态改为销户。

在表册管理中，每个册本有一个唯一的表册号，由用户自由设置，一般为固定位数且有相应设定规则。

表身号为水表本身的标识号，一般为固定位数，每个位数有其固定含义。同一缴费用户可能拥有多个水表，因此会设定统一的客户号将他们建立关联。

客户号在一个客户只对应一只水表的时候，客户号和户号一致，在一个客户拥有多只水表的时候，系统会自动生成一个客户号，客户号范围与户号范围不能重叠，在查询、收费等界面中输入客户的任意一只水表的户号都将列出该客户拥有的其他水表的信息。

下面将简单介绍档案管理的具体功能。

1）档案参数维护

用户状态一般可分为"正常""销户""报停""欠费拆表"等。

抄表周期指的是每个册本的具体抄读周期，可由"起抄月"和"抄表周期"两个参数来具体定义。比如表 4-4 列举的三个常见抄表周期及其描述。

常见抄表周期及其描述　　　　　　　　　　　　表 4-4

抄表周期描述	起抄月	抄表周期
月月抄	1 月	1 个月
单月抄	1 月	2 个月
双月抄	2 月	2 个月

2）用户基本档案

用户基本档案管理一般包括以下几项：

① 表卡档案信息

表卡档案一般包括以下信息：户号、户名、身份证号、用户状态、用户地址、装表位置、表册号、开票类型、承租人姓名、营业区域、用水人口、移动电话、联系人、联系电话、供用水合同号、用水性质、开票名来源（表主名称、承租人名称、客户名称）等。

② 水表档案信息

水表档案一般包括：表身号、供应商、口径、类型、表号、最大读数、检测日期、换表日期、换表周期、首次安装日期等。

③ 客户档案信息

如上文所述，一个客户可以有多只水表，客户档案一般包括如下信息：客户名称、客户地址、联系电话、联系人、手机号码、Email、身份证号、收费类型（现金、代扣、托收等）、银行账户号、银行开户名、开户银行（指总行）、银行分理处（指开户银行名称，如 XX 支行）、开户时间、催缴方式（短信通知、语音通知电话、Email）、催缴电话、催缴手机、邮政编码、邮寄地址、公司账户等。

④ 银行信息

一般特指办理托收的用户的相关托收信息，包括开户银行信息及其对应的总行、营业区域的信息。

⑤ 立户信息

指从报装系统中带来的不可修改的用户信息，包括申请日期（报装申请时间）、装表日期、通水日期、生成日期（导入营业收费系统的日期）、立户日期、入册日期（由临时表册进入正式表册的日期）、安装工程编号、安装人姓名等。

⑥ 公司账户

管理供水企业的营业收费账户信息，包括企业名称、开户行、账号等。若不同营业所有不同的账号，该功能能够方便根据营业所单独管理。

3）用户档案处理工单

系统提供工单机制，当操作员进行下列操作时，如果需要经过审批，可以选择经过审批后再进行操作，各个环节之间通过工单进行流转，如果未通过审批，则不进行操作。如果选择不经过审批，则直接进行操作。

常见的工单有如下几种：变更水价、过户、销户等。

① 变更水价

变更水价工单一般建议走审批流程，根据不同的水价变更方式（高水价向低水价修改或低水价向高水价修改），设置不同的审批权限。

② 过户

当用户产权关系发生变更时，需要更改缴费用户的信息，水表表主的信息等。过户前一般需先判断原先用户是否存在欠费信息，如果存在欠费信息，一般需清缴水费后系统才能过户。用户在过户时需要重新填写供用水合同，并生成新的供用水合同号。

更名过户主要是用于用户在开票时发现自己的名字不正确，仅仅是更改一下户名或者用户通信地址等的时候，在房屋租赁用户需要开票时也会出现这种情况，一般修改承租人姓名或者开票名来源。

过户的信息可以制作日、月过户的相关报表。

③ 变更用水人口

根据用户提供的相应证件或说明修改用水人口，并登记相应的证件号。

④ 销户

用"销户"来标注"用户状态"，其含义为该户将不再抄表、不再生成新的费用，其基本档案信息在档案工单中不再可见，但不是真正的彻底删除，只是做删除标记，系统不删除其所有的费用记录，即"系统查询"时仍可查询其所有信息，有欠费也可继续缴纳。销户后的"户号"将不可被再次使用。

⑤ 报停

应用户要求需暂停供水，用户提出书面申请，缴清所有水费，拆表暂停供水并清缴最后一笔水费（可能会做一次增加抄表处理）。

用户提出恢复书面恢复申请，将通过"报停恢复"工单恢复供水。

⑥ 移卡管理

按抄表员组织表册，实现表册间的个别移卡和批量移卡，移卡一般不可以跨营业区域进行。

⑦ 用户信息变更

用户联系人、联系电话、缴费联系人、联系电话、缴费用户名称、收费类型、开户银行、银行账号、托收合同号等信息的变更。用户信息变更后，报表以户号为准，用户信息变更时，若当月已抄表且未销账，可选择是否影响当月水费。之前的用户数据依旧保持变更前的用户信息。

⑧ 批量档案工单

在某些情况下，需要整理数据，会出现批量将某表册、某户号段的用户的某个字段批量更新成新的字段，或者某水价用户批量改成另一种水价，这时候就会用到批量档案工单。此类工单涉及数据范围甚广，一般需要有严格的权限控制和审批制度。

（2）抄表管理

目前的抄表方式主要有手工抄表、掌上机抄表、手机抄表等，系统将正确处理拆换表和归零表的水量计算，以及异常水量的统计分析。抄表管理模块主要提供对表册、抄表的管理功能。

1）参数设置

系统提供对抄表管理中各种参数设置的功能，以便在实际工作中及时调节相关参数。

欠费拆表参数可设"欠费期数""欠费金额"两个条件，满足两个条件中任何一个就可以停水。

水量异常报警可根据各口径分别设置报警上限、下限和最低水量。

历史平均水量可根据具体需求设置，比如，在评估处理时取前三期平均水量，在估算水量时取前 12 个月平均水量。

异常数值可从历史平均水量值取相应的偏差作为报警值。

最低水量是指，凡是低于此用水量的抄表都不报警，如由 1 吨变成 3 吨时不需要报警。

异常用水报警上下限参数，即将用户当期实收水量与其"上下限值、最低水量"比较计算，方便了解用户的用水情况和统计异常用水清单。

其他常见参数还有水表口径、类型、厂家等，可根据需要进行增删修改。

2）路线表册管理

每个抄表员每月的抄表任务将作为一个抄表路线，抄表线路的意义在于如果需要周期性调整抄表员（对于大表可能会实行轮抄制度），可对抄表线路进行规划。

抄表线路包含若干表册号，以及这些表册的抄表顺序、抄表员、催收员、抄表周期、所属营业区域等信息。

每个抄表线路有一个临时表册，刚立户的用户将进入此表册。

在路线表册管理模块中，可以调整抄表路线，包括增删路线和修改路线信息；调整抄表路线对应的抄表员、催收员、起抄月、抄表周期；增删表册、调整表册顺序、修改表册信息；在不同的抄表线路间移动表册等。

3）抄表录入

根据供水企业选用的抄表方式，设置相应的抄表录入方式，下面主要介绍三种：手工抄表、掌上机录入和手机抄表。

① 手工抄表

手工抄表的主要功能是根据表册号、户号定位要录入的表卡信息，录入抄表水量和取消本次抄表。

手工录入窗口按表册或户号进行查找和定义，按表册和表卡顺序进行依次录入。该界面显示关于该表以及所属表册的上期抄表数据的基本信息，供录入时核对，数据输入后显示系统生成的抄表数据，如水量信息等，供当场核查。

系统严格控制用户的抄表周期，对于非本月抄表或该月抄表已处理（已生成水费、已开票、已收费、已锁定）的情况进行业务逻辑控制，对于不能在此录入的给予详细提示，供操作人员进行决策。

在用水状态异常需要估算的情况下，系统根据 12 个月平均水量自动给出行至及水量，但允许用户进行修改。

对于当天开账并未销账的费用可直接取消抄表后重新抄表，对于未开账的水费可直接重抄。对于开账过日后需要重新抄表的情况，可取消抄表工单后重新抄表。

系统根据期平均水量、日平均水量考核本次输入水量是否异常，提高数据录入或抄表错误发现率。对于涉及水表归零、水表故障、需要整改的，系统可以同时进行判断和录入。

② 掌上机抄表

设置掌上机抄表的接口，通过有线的方式将掌上机的数据导入系统，批量生成一个册本的水量。

③ 手机抄表

设置手机抄表的接口，通过无线网络的方式将掌上机的数据传入系统，批量生成一个册本的水量。

4）抄表评估

抄表数据录入系统后，根据情况生成水费，有些需要经复核确定后，才能生成水费，抄表评估功能模块的主要功能如下：

① 自动评估：根据设置的条件选择符合条件的抄表数据通过评估生成水费。

② 强制通过：允许选择不符合条件的抄表数据强制通过评估生成水费，但必须选择强制通过的原因。

③ 开出复核单：即生成复核任务单，交由外复人员进行现场复核。

④ 作废重抄：对确定抄表错误的可将此抄表记录作废。

正常水量可直接在抄表后生成水费。

满足评估标准但不满足复核标准的，在评估界面中可直接生成水费，也可开出外复单。

满足复核标准的有两个选择，一是在和抄表员了解情况后选择复核通过原因后直接通过生成水费；二是开出复核单，交由复核人员进行外复。

在评估界面中，需要复核的水表可用不同颜色的字体显示，方便查看。

外复人员查看完现场情况后，将情况报给评估人员，由评估人员录入电脑，录入复核抄见、用水状态和复核描述，系统再根据相应算法给出正常与否的提示，人工确认是否正常，正常情况下直接生成水费，异常情况下可选择按外复抄见生成水费。

若外复结果中用水状态属于需要估收水量的，系统给出默认估算水量，用户可以修改后生成水费。

5）抄表单据打印管理

根据具体需要打印抄表相关的通知单，如催缴单、缴费通知单、停水通知单等时，打印格式可自主设置，可选择相应条件（如收费类型、营业区域、表册号、欠费金额段等），批量或单张打印通知单。

6）复核抄表

复核抄表可定义为多种复核抄表，有些是自动生成的，有些是手工筛选后生成。

复核抄表的形式可大致列为两种，一是根据条件每月自动生成复核任务（主要针对大口径水表），二是根据水表口径、数量、用水性质等条件随机抽取。

复核任务可以选择掌上机抄表，并将结果反馈到系统中，也可将复核任务打印成复核抄表清单，再手工将这些数据录入。

系统将根据复核抄表日和实际抄表日及平均用水量产生报表，列出有疑问的抄表记录。

（3）水表管理

1）水表仓库

① 水表入库

系统中会虚拟一个水表仓库，输入水表口径、需要的水表数量、水表厂家、水表型号等信息后，系统根据规则自动给出表身号范围，这个表身号的产生就相当于水表入库。

② 水表领用

水表领用大致可分为三种：周期性换表、小用户安装、特殊换表（比如，水表故障、丢失或者现场发现口径不一致）。

在水表领用界面，可填写相应信息，包括营业区域、入库类型、水表厂家、水表类型、口径、数量、起始表身号、终止表身号等，领用相应数量相应用途的表身号，入库使用。

2）水表查询

水表查询包含以下几类：

① 库存查询：可知道已领表数、已装表数、库存数量等信息。

② 单表查询：可根据表身号等信息查询该表相关的信息，如该表目前所在的位置、厂家、类型、口径、安装状态、安装信息和水表户主的信息。

③ 批次查询：可查询每个号段的使用情况，已装表情况及剩余数量。

④ 异常提醒：比如，水表超出期限尚未使用，某个不连续的表身号长期未使用等。

3）表务工单

① 拆换表管理

拆换表管理可分为三种：周期表批量生成、故障表批量生成、单用户生成。在拆换表任务生成后，在派工界面选择需要换表的工单，指派施工人进行派工的同时，生成领表单，此领表单只包含各口径的水表数量，由水表仓库点击"完成"按钮即完成了水表领用过程。在换表任务完成后，在任务录入界面点击"录入"，表示该项任务完成销单。

② 欠费停水管理

欠费停水管理主要分为三个阶段：生成、派工和录入。

在欠费停水生成界面，可选择欠费停水的条件，比如营业区域、表身号段、册本号、欠费期数、欠费时间、欠费金额、户号等，批量自动生成欠费停水工单。

在欠费停水派工和录入界面，可根据需要打印欠费停水工单派工，在现场完成"拆表"工作后，选择"录入"，则完成了一个欠费停水的流程。

③ 外复管理

该功能主要是外复单的生成和录入，如发现水表异常（包括口径、类型、表身号等），均可生成外复单，由外复人员进行现场查看，查看后填入核查结果，填入新值，完成后将自动更新错误的水表信息。

当遇到串户问题，可使用"水表互换"功能，将错位的水表与户号的对应关系调整正确。

④ 拆表管理和拆表复接

与其他工单相同，拆表管理也分为生成、派工和录入三部。在工单生成时，可选择单个生成和批量生成，随后完成相应的派工和录入任务。拆表工单主要用于销户拆表和报停拆表。

而当被拆的水表需要复接时，则需用到复接工单。在复接工单完成后，则能恢复正常用水。

（4）收费管理

供水企业的收费方式多种多样，如营业厅柜台现金收费、银行托收、小额支付系统、微信支付宝代收等。这里的收费管理主要针对营业厅现场收费和托收部分。

1）大厅收费

营业大厅收费员可根据水费户号、地址、手机号码等进行搜索，系统将自动列出该用户对应的所有欠费。如果该用户是多表户，系统会列出多表户下所有用户的欠费，以免遗漏。

在销账前，系统会给出一些提示，比如，用户为托收用户、代扣用户；用户为欠费停水用户；用户为增值税户；用户没有签订供用水合同等。

系统具有"找零界面"，包括应收合计、实收合计、找零等提示。若用户需要开票，在缴费后系统可直接开具发票。

2）收费调整

收费调整针对的是大厅收费中当天的费用，每个收费员只能取消当天本人的销账。若需要对以前的某笔费用进行取消则需要由更高权限的人进行处理。

每次销账取消都将生成一笔负数的收费记录，也就是说收费记录只会增加而不会删除。

销账取消产生的负数记录将归由收费本人进行退款，在当天该收费员的收费报表中将体现所有的负数金额。

3）银行划账

设置与银行进行数据交换的托收接口，用于生产和返回托收数据。

（5）票据管理

现行增值税普通发票已基本推行电子发票，用户可在供水企业提供的电子发票开票查询网页或微信公众号进行自主开票，在大厅现金交费的用户可在交费后直接开票。增值税专用发票将由系统的专用接口进行数据导出。票据管理模块主要针对增值税普通发票的开票及管理。

1）开票

开票模块主要可分为两块，补开发票和批量开票。

① 补开发票

补开发票针对的是在大厅现金缴费后未直接开票的用户，或是以其他方式（如托收、代扣、支付宝微信代收等）缴费的用户。在补开发票界面，输入户号后，即会显示该用户一年内的所有未开票水费记录，用户可根据需要选择要开票的水费。

在补开发票界面，可以选择是否显示同客户的水费记录，若选择显示同客户水费记录，可显示同一个客户号下的所有水表的水费记录，方便拥有多个水表的用户补开发票。

② 批量开票

可以选择批量开票的条件一般有：营业区域、抄表线路、表册号、收费类型、销账日期、销账情况、排序方式等，可根据具体情况勾选，以批量开出符合条件的票。

2）票据查询处理

票据查询处理功能用以查询开票记录，可根据开票日期、开票员、户号、营业区域等查询用户的开票信息。电子发票推行后，若用户遗失发票，可重新打印该发票。若开票后，用户的水费发生变化需要进行账务处理，则可在该界面全额冲红原发票，待账务处理完成、新水费销账之后，在"补开发票"界面重新开票。

（6）账务管理

当水费账务出现问题时，则需用到账务管理功能。账务管理中，除了可以设置系统的基本参数外，日常涉及的主要是几个常用的账务工单。

1）账务基础数据设置

可在账务基础数据设置中，设置一些系统的账务类基础数据，比如增删修改用水属性、违约金收取情况、水价阶梯定义、账务工单类型等。

2）账务工单查询处理

在账务工单查询处理界面中，可以按照具体条件查询往期生成过的所有账务工单及其完成情况，查询后，账务工单列表将清晰地列出所查工单的相关信息，如户号、水费月份、工单类型、处理金额、处理水量、处理原因、处理时间、当前环节、当前处理人、生成时间等信息。也可以在该界面创建新的账务工单。

下面将简单介绍几类常用的账务工单。

① 减免类工单主要针对水费未结清的用户，一般包括减免水量、调整抄表和变更用水性质等工单类型。操作人员可以输入或选择需要更改用水性质的水费欠费用户，选择新用水性质，然后根据设置等待审批或直接执行。

② 冲红类工单主要针对水费已结清的用户，一般包括冲红水量、价差退款、销账调整等工单类型。以"冲红水量工单"为例，当某笔水费已经销账同时需要做调整时，系统不能做直接调整，操作人员可以对该笔水费冲红；系统产生冲红的水费记录（负费用记录），对该冲红记录进行开票销账；冲红记录统计到本月应收中，其销账信息统计到本月的回收中。

③ 更改抄见工单一般分两种情况，一是仅修改底度不修改费用，主要用于发现抄表员弄错了水表，在进行其他账务处理后将底度直接修改成正确的底度；二是指发现上月抄表出现错误的时候（本月出现错误直接重新抄表即可），若本月已抄则先取消本月抄表，在上月水费未销账时可修改行至，系统重新计算上月水费后将新的行至作为本月起度。

④ 追加抄表工单，在原费用已销账的情况下，需要对用户追加一次抄表时，可采用本工单，相当于某用户一个月抄了两次水费记录。对于未销账用户可直接取消抄表后重新

抄表。

⑤ 费用追收工单即操作人员可以输入待追收的用户户号和费用月份，并输入追收的水量、水价，系统自动产生一笔新的追收费用，将其水量统计到水量应收中。

（7）查询统计

查询统计模块是系统日常工作中的重要功能模块，一般用于日常工作中的用户信息查询和供水企业内部数据的统计分析。

1）用户查询

用户查询界面可大致分为三个部分，查询区、信息列表和信息详情。

在查询区，可输入相关信息，查询某一个特定用户的基本信息。比如，可通过户号、用水地址、手机号码、表主名称、表身号、客户号、托收号等进行查询。系统有模糊查询的功能，可输入部分关键词查询到相关用户信息。

在信息列表，会列出当前查询出的用户的全部列表。一般来说，若是通过户号查询，列表中会显示与该户号相关联（拥有同一个客户号）用户的全部列表。若是用模糊查询（比如用水地址、表主名称等），则会列举出满足该模糊查询条件的全部用户列表，以便日常的查询工作。

在信息详情区，将会显示用户的全部信息详情，比如用户基本信息、银行信息、抄表记录、费用记录、开票记录、水表拆换记录、各种工单记录（账务工单、档案工单等），方便客户服务人员在服务用户时尽快查到用户的相关信息，以提供更快捷优质的服务。

2）通用查询

通用查询即根据供水企业日常工作需要，设计的各种报表类查询功能，比如根据各种条件统计用户数、统计用水量、统计收费金额等等，可根据实际工作需要设计使用各种类型的报表。

第四节　网上营业厅系统

"最多跑一次"改革是通过"一窗受理、集成服务、一次办结"的服务模式创新，让企业和群众到政府办事实现"最多跑一次"的行政目标，于2016年底首次在浙江被提出。开发和推行网上营业厅系统，是供水企业优化服务模式、提升服务水平的崭新篇章，也是在新的时代背景下对"互联网＋供水服务"的积极实践。

1. 概述

事实上，在正式的网上营业厅系统开发之前，供水企业已有这方面的尝试，比如推行供水企业官网，提供网上用水问题反馈平台，亦或是官方微信公众号，支付宝订阅号等。这些官方平台都承载着部分网上营业厅系统的功能，为用户提供了网上缴费、账单查询、用水问题反馈、用水业务手续查询等基本功能。但是，由于这些平台均为独立系统，用户界面风格不一，操作后台不一，功能分散且有差异，用户办理不同的业务就需要登录不同的系统，不利于供水企业提供统一便捷的服务，也增添了用户学习使用不同系统的负担。

与上述平台相比，网上营业厅系统是个覆盖业务更广、功能服务更强大、操作使用更便捷、系统界面更统一的供水服务平台，在智能手机广泛推广的背景下，将覆盖多种接入载体，包括电脑、手机、平板等多终端，支持 Windows、安卓、IOS 等市面主流操作系统访问操作，并且增加网上申请办理原本只能在营业所办理的几项基本业务的功能，实现营销业务无纸化、业务办理移动化的大目标，做到让数据和员工多跑路，让用户和企业少跑腿，进一步提高服务效率，提升服务质量。

2. 系统设计

网上营业厅系统是供水企业与用户交流的窗口，以服务用户为基本原则，设计时应考虑到不同年龄段用户的接受程度差异，尽可能地在功能丰富全面的前提下，使操作便捷简单，并提供直观形象的操作教程。

网上营业厅系统的推行，主要是为了整合各个分散的系统，并增加网上办理业务的服务，因此，整个系统运行流程可基本由图 4-19 所示概括。用户登录客户端系统之后，可完成相应的操作。有些操作不需要提交人工服务，可由系统后台直接处理，一般为查询类（包括水费查询、用水知识查询、业务流程查询等）、电子发票服务（开票申请及已开发票下载）、水费缴费等。还有一些需提交人工服务处理，一般为业务办理和问题反馈两类。这两类用户申请提交系统后台后，系统后台将进行初步审核，并根据具体业务内容派单至不同业务部门或营业所。后台服务人员将根据实际情况与用户电话联系，并在业务办理完成后进行消单操作。系统后台会将消单信息发送至客户端系统，告知用户业务办理结果，或是问题处理结果。

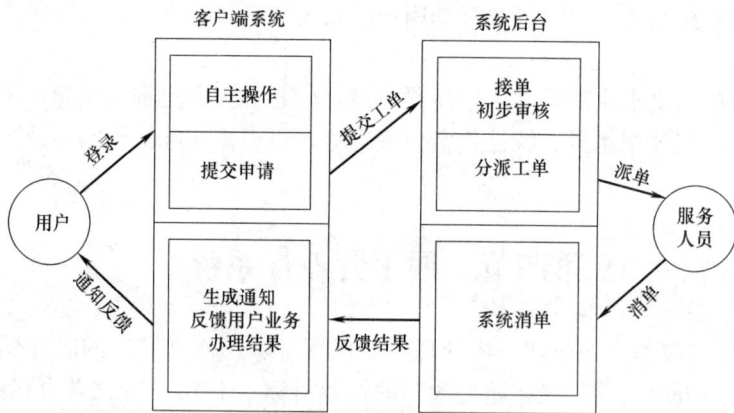

图 4-19　网上营业厅系统运行流程图

由系统运行流程可见，在系统设计时，功能细节可能因供水企业工作实际有所不同，但一般会分为两个子系统：用户客户端系统和供水企业服务人员后台操作系统。

（1）客户端系统

网上营业厅客户端系统是供水企业为用户提供的软件系统，一般采用网页模式或 APP 模式。用户可登陆网上营业厅客户端进行查询操作或是业务申请。客户端系统的设计应基本满足以下要求：

1）形象直观

客户端在设计时，应根据各个功能大块进行分类，比如分为"用户缴费""业务办理""问题反馈""电子发票"等几个大类，再在大类中丰富完善小类的具体功能，使用户能快捷地找到需要的服务。

2）功能全面

客户端应尽可能全面地涵盖供水企业能为用户提供的服务功能，将分散的多个系统整合于一个系统，能兼容调用其他系统功能，比如拍照、支付宝付款等，并能提供系统通知，通知用户业务申请办理情况。

3）操作便捷

操作应简单便捷，在第一次使用时提供相应的教程提示，方便用户学习使用。

4）整洁美观

界面应整洁美观，字体格式等统一且便于阅读，以优化用户体验。

（2）后台操作系统

后台操作系统为相关客户服务人员接收处理用户网上营业厅申请的平台，其在接收用户申请后，将根据申请类别分别派单给相应的服务人员。服务人员根据派单内容处理用户申请后，将在后台操作系统上完成销单操作，回复用户处理结果。

3. 主要功能

根据供水企业不同的日常业务需要，网上营业厅系统在功能细节上会有所不同，但大体上将包括以下几项基本功能，在这里做简要介绍。

（1）用户缴费

用户缴费功能为网上营业厅最基本的功能。在该模块，用户可以进行绑定户号、水费查询、水费缴费等操作。

1）户号绑定

为了方便用户操作，减少重复输入，用户可以绑定几个常用户号（一般情况下，供水企业会规定限制一个账户所能绑定的最大户号数量）。户号绑定后，用户在登陆系统时可以便捷地点选已绑定户号，系统也会定期向用户发送水费账单，第一时间向用户通知最新的用水信息。

2）水费查询

用户可在该模块查询当前的欠费情况，最新的水费账单，以及所选户号的历史账单。账单信息中一般包括户号、户名、地址、用水量、用水金额（包括违约金信息、费用明细）、缴费状态（是否缴清该笔水费）、用水性质等信息。

3）水费缴费

若用户有欠费，可直接在网上用支付宝、微信钱包、网上银行等第三方应用进行缴费。

（2）业务办理

业务办理是网上营业厅系统的核心功能，其分担了一部分营业所的职能，将一些用户必须现场办理的简单业务转移到网上，使用户能随时随地地办理用水业务，减少用户的跑路和因为携带资料不全来回跑的情况。

网上营业厅的业务一般包括：用户过户、用户信息变更、用水性质变更、用水人口变更、用户销户、个人水表复接、水费银行托收办理、新装水表申请等业务。每一项业务一般又分个人用户与单位用户，不同业务、不同用户类别，办理业务所需填写的内容和上传的资料均有不同。

下面以"用户过户"业务为例，简单介绍用户用网上营业厅办理业务的基本流程。

1）传统营业窗口过户办理流程

传统的过户业务，如图 4-20 所示，用户需到供水企业的营业所填写申请表并递交相关资料，经工作人员确认无欠费、资料信息无误后，再现场办理过户手续。若是携带的资料不全，用户需返回带齐资料后再到营业所办理业务，办理周期长且需频繁往返。

用户提出过户申请 → 核对用户提供的资料信息 → 确认用户没有欠费 → 签订《供用水合同》 → 办理完结

图 4-20　传统营业窗口过户办理流程图

2）网上营业厅过户办理流程

用户登录网上营业厅客户端后，选择相应的业务进入过户办理界面，填写相应信息并上传所需的资料照片之后，等待审核结果，若信息填写有误或是资料上传有误，用户只需重新在网上递交申请即可。工作人员审核资料信息通过之后，将会为用户进行过户操作，并将业务办理结果反馈给用户。

用户登录网上营业厅 → 填写相关信息 → 上传相关资料照片 → 等待审核结果 → 办理完结

图 4-21　网上营业厅过户办理流程图

（3）问题反馈

用户可在"问题反馈"模块，反映遇到的用水问题，该功能就如网络版的 24 小时热线。相比传统的热线，利用网上营业厅，用户除了基本的问题描述外，还可以上传照片、位置信息等，更形象直观，也可减少许多因沟通引起的理解误差。

（4）电子发票

该模块具有查询历史发票和申请开票的功能。在供水企业推出电子发票之后，用户可直接在客户端申请开票，不需要再跑到营业所开具纸质发票。若发票丢失，用户也不需要再去营业所将原发票作废再重新开具新的发票，只需在电子发票客户端找到丢失的发票，重新打印即可。

思 考 题

1. 操作系统的作用有哪些？
2. 请简要叙述网络、互联网和因特网的基本概念。
3. 请问计算机网络上的通信面临哪两大类威胁？
4. 请列举几种常见的恶意程序。
5. 防火墙的作用是什么？
6. 数据库阶段有哪些特点？
7. 使用热线服务系统有哪几方面的积极意义？
8. 请用流程图简单绘制自动语音应答系统的工作过程。
9. 请列举 5 个常用话务统计指标并简要介绍。

10. 大屏幕监控系统上一般会显示哪些内容?

11. 营业收费系统有哪些常用的功能模块?

12. 常用的用户档案处理工单有哪些?

13. 抄表评估功能模块的主要功能有哪些?

14. 常用的账务工单有哪些?

15. 请简要介绍网上营业厅系统的运行流程。

16. 网上营业厅业务办理相较传统的窗口业务办理,有哪些优点?

第五章

抄表收费

第一节　水表常识

1. 水表的定义及概述

水表是一种用来计量流经自来水管道水的总量的仪表，用于连续测量、记录和显示流经测量传感器的水的体积。是自来水计量的重要仪表之一。主要包括机械式水表、配备了电子装置的机械式水表、基于电磁或电子原理工作的水表。

常用的机械式水表，一般是采用速度式原理或容积式原理，以流动的自来水作为动力，推动测量传感器的运动，记录流经自来水管道的水的总量。

机械水表通过配备电子装置来实现表端数据采集并远程传输、预付费等功能，常见的产品有 IC 卡水表、光电直读水表、霍尔（无磁）脉冲有线（无线）水表、摄像有线（无线）水表等。

基于电磁或电子测量原理工作的水表；常见的产品有超声波水表和电磁水表。

供水企业的水表主要有以下两大用途：贸易结算用和非贸易结算用。贸易结算用水表为企业供水计量、收费的依据；非贸易结算用水表为企业产销差分析、内部控漏的基础。国家对水表质量有一定的标准和要求，贸易结算用水表受国家行政主管部门的监督，非贸易结算用水表应建立有效的制度进行管理。

2. 水表的类型

水表的品种很多，其分类方法也很多，常用的水表一般有以下几种分类方法（图 5-1）。

（1）按标称口径及 Q_3 值分类

水表按照标称口径及 Q_3 值分类，可分为大口径水表和小口径水表。大口径水表指标称口径大于 50mm 或常用流量 Q_3 超过 $16m^3/h$ 的水表；小口径水表指标称口径小于或等于 50mm 且常用流量 Q_3 不超过 $16m^3/h$ 的水表。

（2）按测量（工作）原理分类

1）机械水表

① 速度式水表（旋翼或螺翼）

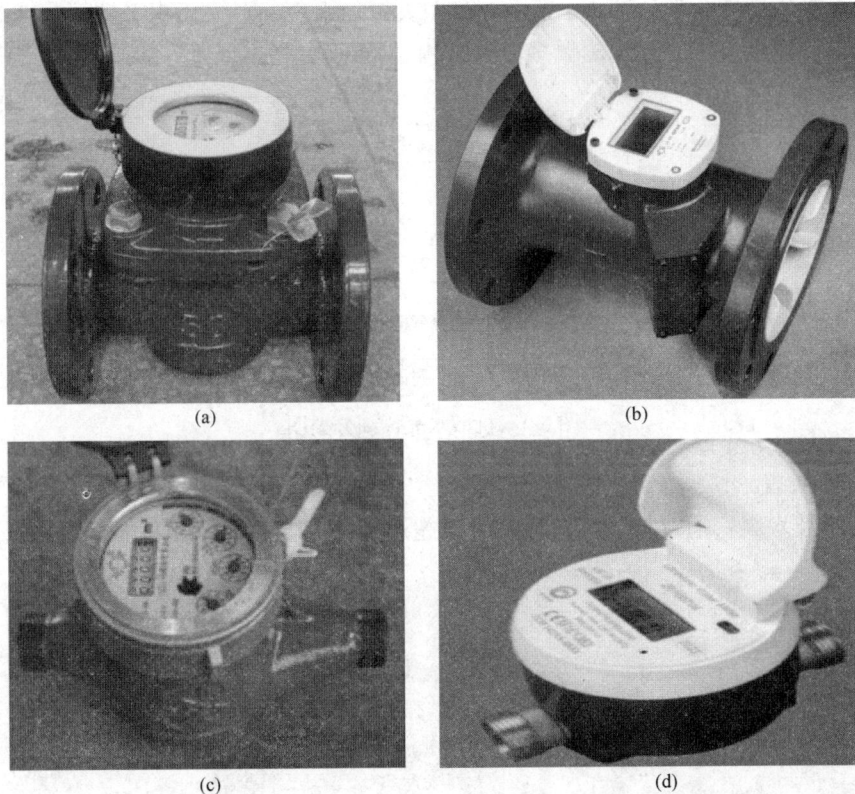

(a)　(b)

(c)　(d)

图 5-1　大口径水表（a，b）和小口径水表（c，d）

自来水流经速度式水表时，水流驱动叶轮（旋翼或螺翼）旋转，水流的流速（流量）与叶轮的转速成正比。叶轮的转数通过齿轮（蜗轮）减速机构计算、累积，从而记录流经水表的水量（图 5-2）。

② 容积式水表（活塞或圆盘）

自来水流经容积式水表时，水流驱动活塞（圆盘）旋转（摆动），由于活塞缸（圆盘室）的体积是恒定的，活塞旋转（圆盘摆动）的次数，通过齿轮（涡轮）减速机构计算、累积，从而记录流经水表的水量（图 5-3）。

图 5-2　速度式水表

图 5-3　容积式水表

机械水表的详细分类如图 5-4 所示。我国大口径水表一般采用水平螺翼式或垂直螺翼式结构，小口径水表一般采用旋翼多流束结构。

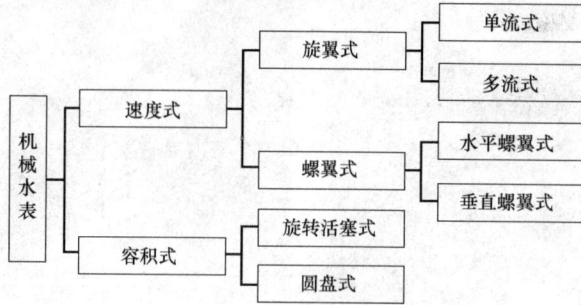

图 5-4　机械水表详细分类图

2）电子水表

① 超声波水表：通过检测液体流动时对超声脉冲的作用，以测量体积流量（图 5-5）。

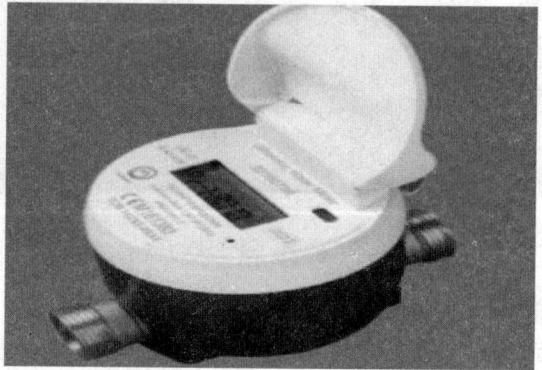

图 5-5　超声波水表

② 电磁水表：利用法拉第电磁感应定律制成的用于测量导电液体体积流量的仪表（图 5-6）。

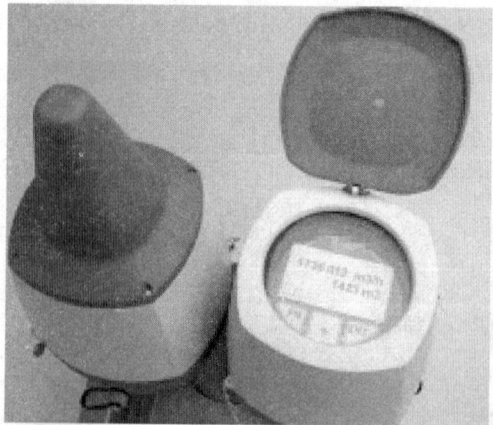

图 5-6　电磁水表

（3）按安装方向分类

1）水平安装水表：安装时其流向平行于水平面的水表，在水表的度盘上用"H"来代表（图5-7）。

2）立式安装水表：安装时其流向垂直于水平面的水表，在水表的度盘上用"V"来代表（图5-7）。

图5-7 水平安装水表（左）和立式安装水表（右）

（4）按计数器是否浸在被测水中分类

1）湿式水表：水表的计数器浸在被测水中（图5-8）。

2）干式水表：水表的计数器不浸在被测水中。这种水表的计数器由齿轮盒或隔离板与被测水隔离，叶轮轴与计数器中心齿轮的连接，依靠磁钢耦合来传动（图5-8）。

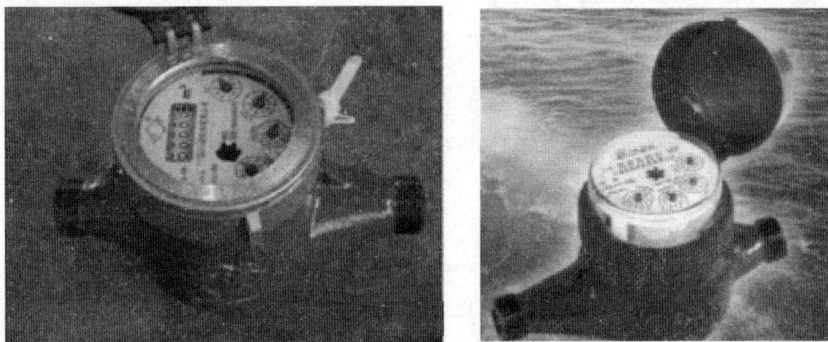

图5-8 湿式水表（左）和干式水表（右）

（5）按被测水温分类

1）冷水水表（T30/T50）：介质下限温度为0℃、上限温度为30℃的水表（图5-9）。

2）热水水表：介质下限温度为30℃、上限温度为90℃的水表或130℃或180℃的水表。当不指明时，一般水表均指冷水水表（图5-9）。

3. 水表的构造

本节介绍水表的结构以常用的速度式多流速机械水表为例。

（1）表壳

水表的外壳的采用应有一定强度能承受一定水压，且不会被水腐蚀；常用的材料有金

图 5-9 冷水水表（左）和热水水表（右）

属（铜、铁）或塑料、不锈钢铸件等。

（2）表芯部件

水表内部有一套表芯，常用的材料为塑料，这里对其组成部件及作用做简单说明（图 5-10）。

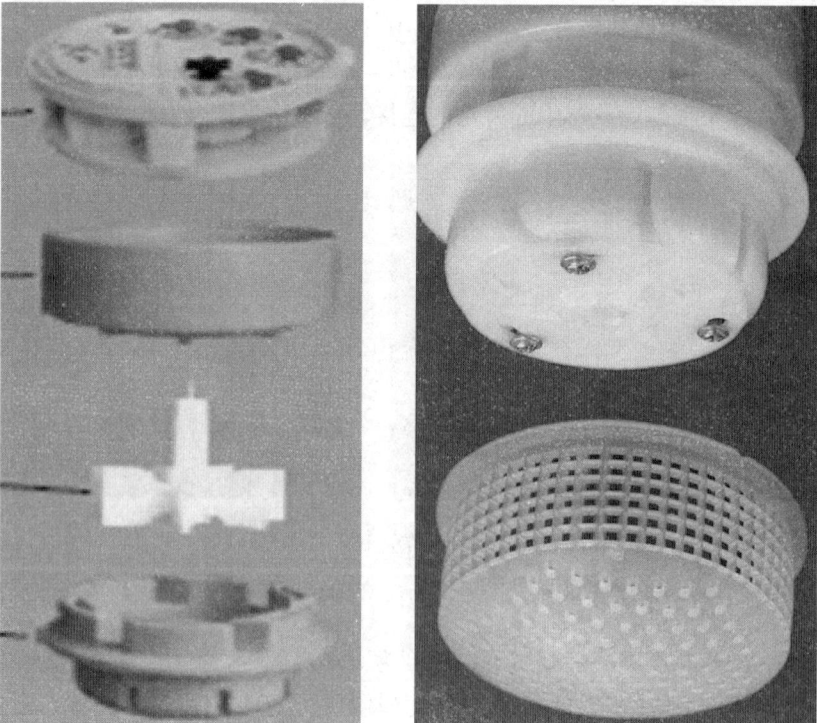

图 5-10 表芯部件图

1）滤污网

目前国内的自来水水质有了明显的提高，但是由于受施工、维修、阀门关启等外界因素影响，水中不免带有杂质，混进水表会损坏水表部件造成计量失准甚至水表损坏。因此水表装有滤污网可起到阻挡、过滤水中杂质的作用。

2）分水器

分水器是使自来水进出分流，它的形式似碗状，四面又分成上下二排，不同方面的斜孔，当搁在表壳座圈上时，上排孔是出水，下排孔是进水，分水器当中装有一轴心（称为下轴心），其底部有可转动的误差调节板。

3）叶（翼）轮

叶（翼）轮在分水器中，其中心有一轴，以下轴心为支柱，可旋转，上轴心穿入齿轮盒，叶（翼）轮受进水的推力而旋转，带动齿轮盒内的其他齿轮。

4）齿轮盒

齿轮盒在分水器上，内部装有计数器（记录器），叶（翼）轮的上轴心从齿轮盒当中穿出，最顶端装有一个小齿轮，用以连接计数器（记录器）内的齿轮组。

5）计数器（记录器）

计数器（记录器）用夹板分成上下两个部分，下部分装有许多齿轮，上部分是一个度盘（俗称磁面或显示器）；度盘上有分度盘，表示不同的分度值，计数器（记录器）内的许多齿轮，通过齿轮轴，带动分度盘上的指针和字轮，指示出水表的读数。与叶（翼）轮的上轴心顶端齿轮连接的齿轮轴上套有红色的梅花形指针，即为起步针；以检验水表是否走动。

第二节　用 水 计 量

1. 贸易结算用水表的首检及使用中检定的首次检定

新水表安装前需经当地计量部门或授权单位检查合格（图 5-11）。

到期轮换：安装使用到达规定期限后，新表换旧表。

周期检定：水表卸下来送检，合格可再使用 2 年，不合格则淘汰。

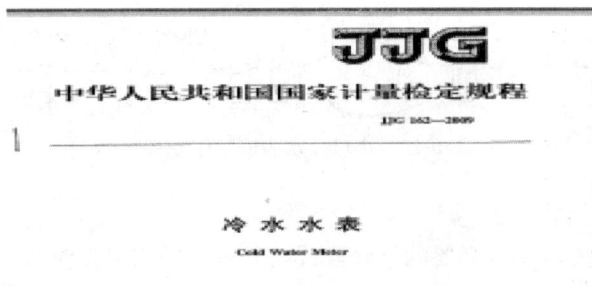

图 5-11　中华人民共和国国家计量检定规程

（1）检定周期

对于标称口径小于或等于 50mm、且常用流量 Q_3 不超过 $16m^3/h$ 的水表只作首次强制检定，限期使用，到期轮换。

标称口径 25mm 及以下的标称口径的水表使用期限一般不超过 6 年；

标称口径大于 25mm 至 50mm 的水表使用期限一般不超过 4 年；

标称口径大于 50mm 或常用流量 Q_3 超过 16m^3/h 的水表检定周期一般为 2 年。

（2）使用中水表送检的注意事项

1）应保证送检的贸易结算水表在《中华人民共和国国家计量检定规程》JJG 99—2006 规定的使用期限内（一般在水表罩子上均有出厂年、月份，如出厂年、月份和首次使用时间相差较大，可提供安装时间依据）。

2）满足对水表密封性的要求，整机无明显渗水、漏水现象。

3）水表表体无严重损坏情况。

4）水表封印必须完整。

5）水表表盘、指针清晰，不影响检定人员的数据读取。

6）水表两边管道口内径应保持基本通畅，无异物、大量的水垢等严重影响检定的状况存在。

2. 水表的安装

（1）小口径水表安装要求（图 5-12）

小口径水表应按其安装型式进行安装，标志有水平安装（H）的水表应水平安装（计数器字面水平朝上）。例：一般的旋翼式多流水表、旋翼式单流水表。

标志有垂直安装（V）的水表应垂直安装（字面朝上）。例：立式的水表。

没有安装标志的，可以水平—倾斜向上—垂直向上任意方向安装。例：旋转活塞式水表。

小口径水表安装不到位，主要影响到小流量的误差。这样，相当于降低了水表计量等级。

总体上对水表前后直管段没有什么要求。对单流水表要注意接管橡胶密封垫圈不要挤到孔径里面，否则，对误差影响较大。

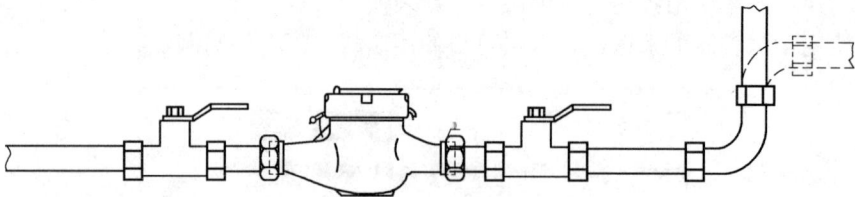

图 5-12　小口径水表安装示意图

（2）大口径水表安装要求

水表的上游和下游应安装必要的直管段或与其等效的水表整流器。直管段是指与水表同公称口径的直管，期间不包含阀门、缩节、伸缩器、过滤器、避振器、止回阀等。

通常，水平螺翼式水表所需的前后直管段长度为 U10D5、垂直螺翼式水表所需的前后直管段长度为 U5D3、流量计所需的前后直管段长度为 U15D5。对于由弯头或离心泵所引起的水流旋转情况，宜适当增加直管段的长度。直管段是指与水表同公称口径的直管，期间不包含阀门、缩节、伸缩器、过滤器、避振器、止回阀等。

水表前后应安装阀门，便于水表更换、维护。（对于水表前后直管段长度不足的）宜选用闸阀，正常通水时，阀门应保持全开状态。

新装及维修后的管道，清理石子、泥沙、麻丝等杂物后方可安装水表，以防水表损坏或故障。新装或更换水表后通水，应缓慢打开阀门，待管道空气排除后再完全开足阀门。

水表应在封闭满管道下使用。在水表计量管道直放水池的场合，可在管道出水口安装一个高于管道 0.5m 的鹅颈或将水表安装段下沉 0.5m，以保证水表在满灌状态下计量。

水平螺翼式水表上游处宜安装与水表口径一致的过滤器。

水表宜水平安装、字面朝上，箭头方向与水流方向相同（图 5-13）。

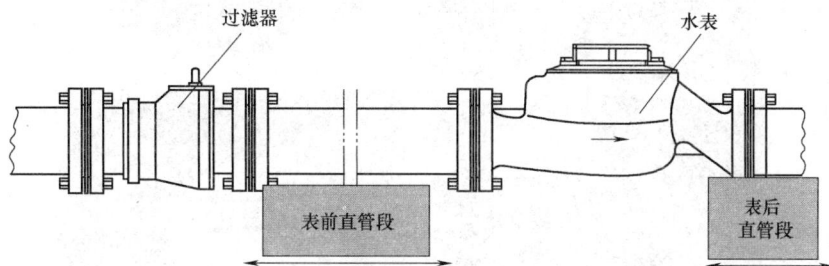

图 5-13　大口径水表安装示意图

3. 水表的抄读

我国现行水表的计量单位是 m^3（"立方米"），抄读时通常到 $1m^3$（"立方米"）；小于 $1m^3$（"立方米"）的尾数均不抄读。

（1）指针读数

使用指针读数时，小位过零大位进数，小位不过大位退数（图 5-14）。

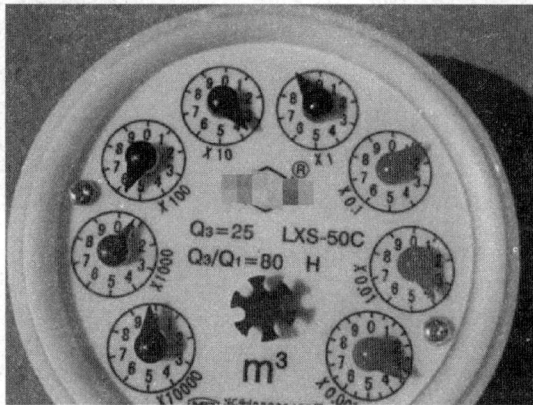

图 5-14　指针读数表盘图

（2）字轮读数

使用字轮读数时，黑色字轮从右向左分别代表个位、十位、百位、千位……

注意：口径、类型不同，黑色字轮（指针）数量、位置也可能不同，读数方法也不同，某些水表表盘还印有 X10 等字样，在人工读取的时候要特别注意（图 5-15）。

（3）电子读数

使用电子读数时，直接读取小数点前的电子数值（包括累计流量、瞬时流量、反向流量等）（图 5-16）。

图 5-15　使用字轮读数的 4 种水表

图 5-16　使用电子读数的两种水表

第三节　水价与水费

1. 水价构成

水价主要是由原水费用、污水处理费、水资源费、水环境保护费、净水和输配水成本、费用、利润和税金构成。

以宁波市非居民生活水价为例，其价格由水环境保护费（0.10 元/立方米）、水资源费（0.20 元/立方米）、原水费用（0.50 元/立方米）、自来水费（3.52 元/立方米）、污水处理费（1.80 元/立方米）构成。除自来水费外，其余四项由供水企业代收。

2. 用水性质分类简号

（1）用水分类简号及其作用

简号是表卡上区别不同用水性质及各种用水类型的代号（即以某一简号代表某一用水

性质），是售水量分类统计的手段，是制定售水量计划的可靠保证。

有关名词解释：

售水量，即通过抄表计量，收费结算的方法而销售出去的自来水量。

用水性质，其按用户用水基本用途通常分为生产用水、生活用水、市政用水、消防用水。

用水简号的作用是方便各种用水性质水量的汇总、统计与分析，同时，简号也是制订售水量计划不可缺少的原始证据，是指导企业生产建设和发展，确保用水供求需要的第一手资料，这些资料数据的提供能使企业对生产供求的现状进行观察，并为正确编制售水量计划和其执行情况，提供了必要的科学依据。

当然，售水量计划制订要力求符合实际情况，若售水量计划订得太高，水厂生产设备能力会相应增加，而外界用户所需水量及压力大大低于公司的供应能力，会造成设备能力过剩，水送不出去，导致实际水量大大低于计划水量，完不成售水量计划，造成人力、物力的浪费；若售水量计划订得太低，当用水高峰时外界用户所需水量及压力超过公司的供水能力时就会出现大面积的低压区，服务供应也会出现许多问题，尽管年底售水量计划可超额完成，但用户反应大，供应体验差。

（2）正确使用用水性质分类简号

统计工作是计划工作的基础，离开了正确的统计数据更无切实可行的计划可谈，错误的统计数据会对工作带来很大的危害，甚至比没有数据更糟，因为它制造了某种假象欺骗人们。因此，要保证售水量分类统计资料的正确，必须正确使用用水分类简号。

抄表员应充分认识到用水分类简号的重要性，正确真实地使用用水分类简号，尤其是每天广泛接触用户，了解用户用水情况，发现用水性质变化，用水类型改变及时更正，才能有利于统计部门进行分类统计。

正确使用用水分类简号并不只是抄表员的事，其他有关部门同样要重视与注意。如申请接水装表部门的人员对申请户的用水性质在办理工作竣工时应正确填写，遇到用水转让办理过户或改变用水性质，经办人员也需及时更正。总之，与用水分类简号有关人员共同重视，相互配合是搞好这一工作的关键。

3. 水费账单

水费账单的送发和水费的催缴

水费账单的送发和水费的催缴是整个抄表程序（抄、算、发）的最后一个环节，水费账单送发到位与否，会直接影响自来水企业水费的回收，也会影响催缴工作，要求抄表员准确送发好水费账单并及时做好催缴工作。

（1）水费账单的送发

水费账单是自来水企业收费、用户付费的原始凭证，是水费销账的依据。因此及时准确送发好账单是保证用户及时付费、自来水企业水费及时回收的重要一环。

1）送发账单的方式

① 发放抄告单的供水企业，可在抄表时当即将抄告单开好交给用户。采用微机处理水费账务的，抄表后由微机进行处理并打印出账单，然后交抄表员送交用户；

② 由用户自行向银行设立的公用事业费代收点或自来水企业门市付费的，其账单直接交用户。实行上门收费的，抄表时先送发本月用水量和水费金额的通知，几天后，由专

人上门收费并将账单的收据交给用户；

③ 对实行托收无承付，由银行直接划款的企事业单位，其账单不须交用户，账单的收据联由银行转给用户。

④ 实现电子账单的供水企业，用户缴费后可以自行在微信、支付宝和供水企业官方网站打印电子发票。

2）送发账单的要求

账单的送发有直接交送和邮寄两种，但都必须做到及时、准确、妥善。

① 直接送交。应将账单直接送给用户或用户代表，也可插入门内或投入信箱内；

② 邮寄账单。应正确清晰写明用户的地址、邮政编码，属企事业单位的，还应写上户名。

（2）水费的催缴

水费的催缴是对超过付款期限而尚未付款的用户催促其付款的过程，是保证水费回收的一项重要工作。

1）用户会计要准确及时提供用户欠费的资料，一般包括用水地址、户名、欠费金额、欠费月份；

2）催缴人员对欠费资料要进行核对，避免差错；

3）催缴时应注意的问题：

① 首先对用户要文明礼貌，态度和气，要注意方法；

② 核对欠费情况，弄清欠费原因；

③ 对因故确未付款的应催促其尽快付款。对故意拖欠水费的用户应根据自来水企业的规章制度，应向其说明，但尽量以说服教育为主。对个别因用户内部原因坚持不肯付款的，应向领导汇报，再根据有关规定处理；

④ 对用户已付款而公司尚未收到的，应从用户的付款收据中摘录其付款日期、收款单位、收款人，及时向有关方面查询；

⑤ 催缴时用户将现金交催缴人员代付的，催缴员应立即将盖有收讫章的收据交用户。

第四节　水费评估、复核及开账

1. 水费评估

用水户通过水表用水，由水表记录用水量。由于用户用水性质、用水设备的差异，各自的耗水量也有很大的差异。一般的抄表评估系统都会设置好公式对用户本期的用水量进行评估，凡是合理范围的用水量都属于评估正常。

当然也存在用水量超过正常范围的用户。不论属于何种用水性质的用户，总有自己的正常的用水规律，所以抄表员要掌握各类用户的用水规律，以便能及时发现问题，尽快解决用户在用水中出现的问题，另外，还应了解水表的性能，因为由于水表本身的原因，有时也会出现量高量低等问题，这样才能提高抄表质量，减少用户的"三来"（即来信、来电、来访）。

量高量低是指用水户本期的用水量与年平均的用水量相比有较大幅度的增减，超出正常的用水范围。

量高量低要查明原因，并做好宣传节约用水工作，估计水量要说明理由和依据，与用户协商解决。

（1）量高量低的判别

量高量低的判别应从以下几个方面考虑：

1）用水天数

用水天数是指上期抄表日至本期抄表日的天数，用水天数的增减会造成水量的增减。

2）用水性质

用水性质的变化会引起用水量的增减，如生活用水改为生产用水。或生产用水改变为生活用水。

3）气候变化

气温和季节的变化，会造成用水量的增减。

4）多表用水

有些用户采用两表馈通或多表馈通用水，但各表进水压力的差异会引起水表用量偏高或偏低的现象。

5）地区水压变化

地区管网的水压增高或降低会影响用户用水量的增减。

6）水表故障

表快、表慢或失灵等水表问题，会引起用水量的变化。

7）水表的抄、算

抄读水表时若发生读错读数的现象或者上项与下项读数减错时会造成用水量的增减。一般来说，用水量增减的幅度是判别量高、量低最基本的依据，一般应控制在正常幅度的30%左右。

（2）量高量低处理程序

量高量低除了以上几个方面进行判别外，具体的处理程序如下：

1）反复核对抄码（读数）。

2）核对抄表册上的各项数据。

3）观察水表：

① 观察有无走动：不用水时水表不走，说明无漏水；用水时水表不走，说明水表停走。

② 时走时停：说明抽水马桶漏水或者水表机芯有问题。

③ 缓慢走动：说明用户水龙头滴水，抽水马桶刚抽过正在进水或地管渗漏。

④ 快速走动：说明用户正在用水或地管大漏、抽水马桶严重漏水。

4）用抄表的铁钩或铁棒轻击水表，检测水表指针有无松动。

5）询问用户，进一步了解用户内部用水有无变化。

在处理量高量低的过程中常常见到抽水马桶漏水。其漏水的主要原因有：

① 水箱内的橡皮球塞有裂缝或球塞不圆，造成球塞与球座不相吻合。

② 浮球有裂缝形成球内积水，浮球浮不起来，起不了关闭进水阀的作用。

③ 溢水管有裂缝或松动，在正常情况下，水箱内的水面要低于溢水口，如果与溢水口平齐时，白天往往看不出水溢入溢水口，晚上水压升高，水就会溢入溢水口。

检查抽水马桶漏水的方法：

① 直接观察有无渗漏。

② 加滴墨水进行观察。

③ 采取听漏法进行检查。

④ 停止用水片刻水表仍走，此时关闭抽水马桶进水阀门，若表停说明抽水马桶漏水，若表仍走则可能用户内部水管漏水或水表问题。

（3）量高量低的原因

除了以上对量高量低的判别和处理程序外，还有一个方面要求抄表员掌握，那就是引起量高量低的原因。

1）量高原因

① 生活用水方面：人口增加；用水设备增加；困难用水改善；漏水；曾漏过水已修好；地区水压提高；用水性质改变；总表（里弄）内开办加工厂或食堂；水表失灵；私人小水表灵敏度不高；其他原因。

② 工业生产用水方面：生产任务增加；生产品种改变；生产班次增加；新建或扩建车间；增添用水设备；增添生活用水设施；漏水；使用降温设备；产品质量提高；深井回灌；水表失灵；其他原因。

量高原因中除了漏水和水表失灵外都可以通过向用户了解得出结论，如用户用水仍和往常一样，没有多用水的因素，就应该考虑查漏。

2）量低原因

① 生活用水方面：人口减少；水力不足；节约用水；漏水修好；开关关小；空屋；装小水表；水表失灵或停走；给水站改变用水方式；其他原因。

② 工业生产用水方面：任务或班次减少；产品品种改变；节水措施上马；水力不足；漏水修复；加添新表；改变工艺流程；浴室开放时间减少；检修设备或停产；计划用水；工厂性质调整；水表停走或失灵；开用消防水；其他原因。

3）产生量高量低的其他因素

量高量低的产生不仅是以上所述的各种原因，还有其他因素的影响也会造成。

如生活用水量随着季节、气候的变化而增减，以宁波地区为例，每年五月份开始气温上升，其用水量也会随之增加；十月份以后，气温逐渐降低，其用水量也相应减少。这种用水量的增减是正常的，也是符合用水规律的，除非用水量超出平均增减幅度较大时，才作为量高量低的问题处理。

营业用水、公共建筑用水以及其他非生活用水（如熟水店、浴室、学校、游泳池），其用水规律有他自己的特殊性，以学校为例，在暑假、寒假期间，无特殊用水情况而用水量不下降，则应作为量高处理。

还有，有些总表内部用户自装小水表，往往会发生总表和小水表之间的用水量差额，从而造成量高、量低的现象。产生这种现象的原因有：总水表内和小水表外的水管漏水；部分小水表失灵；总水表失灵；某些龙头或用水设备不经过小表；部分小水表户贪小滴水。

在确定差额多少时应先同时抄读总表和所有小水表，并隔几天再抄读一次，求出总表用量和小表用量之差，确定存在的问题后再进行检查。

抄表员处理了量高量低后所得出的结果，应在表卡的备注栏上简要注明，如用水性质变动，应及时将用水简号更改，使抄表质量得以保证。

2. 水费复核

任何产品都有质量鉴定的规定，在出厂前都要进行质量检查，抄表工作也是这样。抄表复核是指抄表工作结束后对抄表质量进行一次全面的复查，要求抄表员和内、外复人员严格按照复核的要求和规定进行检查，使抄表的工作质量不断提高。

抄表结束后，为保证抄表质量，应对抄表册中全部表卡逐页进行复查，发现问题时应开具不同的工作单，进行再处理，此整个过程称为复核。复核又分为抄表员自复、业务管理部门的内复、外复。

（1）内复

内复又称内部复查，是抄表质量把关的关键人员，其主要职责是对抄表结束后抄表册内所有的表卡进行全面质量复查，包括现场处理问题的质量，转发有关部门工作单的质量以及有关资料记录的质量等。内复人员的业务水准的高低与抄表质量的好坏有着密切的关系，一般担任内复的人员要求有多年的抄表工作经验，熟悉管辖区域内水表分布情况，各类水表的性能，具有处理抄表工作中疑难问题的技能。

内复的具体工作内容，如果是核对传统人工表卡，就要做到以下几点：

1）对抄表卡逐张复核，检查抄码是否减错、金额是否结算错、用水量是否符合正常规律；

2）检查抄表员在抄表卡备注栏上所注的处理情况是否确切；

3）检查抄表员对各类工作单的填写和处理是否正确；

4）检查抄表卡上用水资料的内容填写得是否完整清楚；

5）对水表数统计、水表分类的填写是否有遗漏、写错；

6）对所复核的抄表册数与抄表日程表上安排的册数检查是否相符；

7）核对调换抄表卡（册）后新、旧表卡记录是否相符，并在旧抄表卡（册）上签名取下旧卡（册）；

8）检查抄表册内的表卡是否完好，破损的是否修补好；

9）核查水表口径与用水量是否相称，发现大表小用量或小表大用量应开具复核工作单转有关部门处理；

10）在复核工作中发现疑问应开具复核工作单交抄表员或外复进行现场检查；

11）复核后对经管的各项资料按类摘录、登记、统计、销号、汇总；

12）填写有关抄表业务的各项统计管理报表。

如果是电脑系统内复，设定好可以正常通过的条件，有异议无法正常通过的数据再进行人工核对，达到通过条件的可以强行通过，否则转外复进行现场检查。

（2）外复

外复又称外部复查，其主要职责是根据内复摘出的复核工作单进行现场复查、核实，并负责处理用户"三来"（来电、来信、来访）所反映的问题，检查抄表员的抄表质量和服务质量。

外复是抄表员抄表后第二次为用户服务，是抄表质量的把关人员。外复与内复一样，其业务水平的高低与抄表质量的提高有着密切的关系，一般有多年抄表经验，熟悉管辖区域内水表分布情况和各类水表性能，能熟练运用自来水企业的营业章程，有独立工作能力等资历的人方可胜任。

外复的具体工作内容:

1) 外复人员应对抄表员在抄表工作中提出的要求换表等问题进行现场复查,并根据实际情况估计水量;

2) 根据内复要求对抄表员处理不妥的问题进行复查处理;

3) 对用户的"三来"(来信、来电、来访)反映,到现场核实处理;

4) 对抄表员的抄表、发抄告单、服务质量进行经常性或突击性的质量抽查;

5) 对抄表员的工作质量、服务态度做好工作记录,在评议考核中提出意见;

6) 协助柜台做好漏水减免的现场调查,并提出处理意见;

7) 对处理完毕的各类工作单及时转交内复销号、归档。

3. 水费开账

(1) 传统人工开账处理方法

抄表过程结束之后,经过内部复核,将同一次所抄读的抄表簿随同账单存根联,包括未开发的账单和延迟账单情况记录表交开账人员。

人工开账操作顺序如下:

1) 打抄表簿用水量誊录单

每本抄表簿以逐张抄表卡,按不同简号、水价分类,用电子计算器打录用水量誊录单,按分类用水量计价,再加上附加费,得出全部应开金额数。

2) 打水费账单金额誊录单

按每本账单存根联(存根联的排列程序应和表册、卡一致),逐张将存根联上的金额用电子计算器打入金额誊录单,其总和与水量誊录单的应开金额数核对一致。如有差异应逐张核对,找出症结及时纠正。

3) 核对表数和账单存根联张数

将账单存根联张数,未开发账单张数和延迟账单情况记录表上表数相加,其总数应和抄表册扉页水表分类卡上水表数相等(即整本抄表册的表数)。

4) 填写报表

按每本抄表数填写分类水费计数通知单和开账数分类日报表。延迟账单处理后的开账:以延迟工作单代抄表卡并附账单存根联,按上述要求将用水量和金额誊录单填入分类水费计数通知单,但次数与正常账单有区别,立专用次数。跨月处理好的延迟账单列入跨入月份的专用次。

(2) 计算机营业系统开账方法

抄表人员将每天抄表后的数据导入营业系统后,经过内部复核人员质量复核,即可进入开账环节进行开账处理。水费开账主要工作是将抄来的用户抄码数据由计算机自动完成不同的水费金额结算,统计各种抄表数量和质量数据,统计售水量分类数据,并打印水费账单。

计算机运用公式 5-1 和 5-2,分别对导入系统并且通过复核的抄表数据总水量和总金额进行核对。

$$\sum 本期抄码 - \sum 上期抄码 = \sum 本期水量 \qquad (公式 5-1)$$

$$\sum 总金额 = \sum 总水量 \times 各类单价 + \sum 附加费 \qquad (公式 5-2)$$

以上两个公式中，任何一个不成立，程序即自动逐户查找出错用户，并提供修改机会，这一过程可反复进行，保证用户水费开账绝对正确。

计算机的开账功能代替了原有需手工进行的部分工作：

1）复核人员抄码、水量、金额复核和抄表质量、统计工作。

2）用会人员的誊录单的工作，即俗称开账拉长条子工作。

3）抄表人员的水费账单开发工作。

第五节　水费销账

1. 收款方式

供水企业向用户提供符合国家标准的自来水是企业的基本任务，能够快速可靠地回笼销售资金不仅是企业生存的根本保障而且还是企业可持续发展的基础，为用户提供便捷的缴费方式也是企业在市场经济形势下需要不断完善服务的重要内容之一。一方面，营业部是企业的销售部门，只有采取各种手段确保较高的水费回收率和较低的销售成本才能充分发挥其经济职能作用。另一方面，营业部作为供水企业的对外服务窗口应结合自身特点努力提高服务质量。这些都体现在我们的收费服务水平、收费效率及用户满意度高低等衡量标准上。采用多种缴费方式方便用户，根据新的科技形势不断创新收费，才能有效提高水费回收率。

（1）水费缴纳传统模式

1）营业厅缴费

即供水企业分区域建立缴费的柜台，用户以现金方式（支票、信用卡划账等类先进方式）对所欠水费进行缴纳。柜台收费是最传统的收费方式，其优点在于为用户提供了面对面的服务，不仅能够处理用户缴费过程中的不同问题，而且能够得到用户对供水企业服务的直接反馈。

2）银行代扣

供水企业与个人用户签订划款协议，将个人用户每月水费定期以文件方式送交银行，银行根据文件对每个账户进行扣款转账。银行代扣水费也是传统的缴费方式，因为其便捷性深受用户欢迎。

3）银行托收

银行托收业务是主要针对用水企业用户使用的收费方式。供水企业与用水单位、银行签订托收合同。每月将用户的水费以委托文件的方式送交银行，由银行在付款方指定账号中进行转账，然后根据转账结果进行水费结算的过程。该收费方式的优点在于在供水企业与企业用户之间建立了一个长期的付款方式，企业用户不需要每月都以现金或支票方式对水费进行支付。传统的单位水费托收工作都是由人工操作的，有着随意性大和易出差错及资金周转慢的缺陷，加上出现差错后信息反馈不及时，有时用户需多次往返更正。随着单位水费银行托收电子化应用系统的研制，单位水费银行托收全部实现了电子化。效率提高，并能及时反映出失败原因。

造成托收失败的原因大致有以下几类：

① 对方单位存款不足；

② 账号与户名不符；

③ 托收协议号不存在；

④ 同城委托交换号错误；

⑤ 对方单位账户已经被冻结。

发生退票时应及时与对方单位联系，进行重新托收或抵冲退票。

4）银行及社会商业网点代收

该种收费方通过供水企业与银行搭建网络连接的方式实现。银行通过各网点进行水费代收，不仅能实时查询水费，而且能实时销账。该收费方式不仅极大地方便了用户缴费，同时为供水企业节省了大量运营成本，相当于供水企业将柜台扩张到各个银行网点。但对部分偏远地区的用户，由于用户缴费困难，为方便用户缴费，加快费用回收，可以采用如各种联锁式超市和邮电局下属机构代收自来水费，款项和水费回执划转的方式基本与银行代收相同。

水、电、煤等公司事业单位均设有对外营业窗口，并有专人负责收费。因此可以在平等互利的基础上，建立相互无偿代收关系。各单位相互存有对方的开户银行的账务资料，按规定时间每天将收到对方的账款汇总后填写解款单交银行收讫，解款回单联连同账单回执联于次日送上级财务部门转送银行交换场相互交换。

5）预存水费模式

该模式借鉴于当前电信的预存花费模式。供水企业与用户签订协议，用户在供水企业开一个预存款账户，并定期存放一些钱到自己的账户。用户每月的水费开出以后，供水企业在用户的预存款账户中扣除应缴水费。该收费方式的优点在于不仅可以极大的方便用户缴费，还大大提高了水费的回收率。由于用户的预存款账户由供水企业掌握，因此当用户预存款金额不足时可以事先进行通知，因此，可以大大保证水费的回收情况。预存款业务的另一优势是，当出现退款等情况时，可以直接将退款转到用户的预存款账户。该收费方式的缺点是到目前为止还缺乏政策法规支持，此外由于该收费方式还涉及到存款利率问题，一般不容易被用户接受。

6）上门收款

上门收款主要有两种方式：一是定时定点上门设摊收款；二是挨家挨户上门收款。

① 定时定点上门收款：在新建工房发展较快，收费网点发展跟不上的地区，由供水企业派员在规定的时间和地点，设摊等待用户来缴付。这种收费方式可暂时解决居民付费难的矛盾。

② 挨家挨户上门收款：这种收款方式的钱款安全性较差，一般不宜提倡。其工作流程简单介绍如下。

a. 计算机房或抄表员开出账单后，将整本抄表簿的账单交于账务专管人员。

b. 账务专管人员将每本抄表簿应收账单复核汇总登记后，在收据联上加盖收款章，交专职收款员签收。

c. 收款人员上门收款后，将收据联交用户。按规定时间将每天所收款项解入指定银行，并将解款回单联和回执联交计算机房或销账人员销账。

d. 计算机房或销账人员，将每个收款员的销账结果交账务专管人员登账。

e. 如发生收据联或现金遗失，由收款人负责赔偿。

（2）水费缴纳新型模式

1）网络缴费

现今网络已进入千家万户，网络支付模式也已经成熟。这为用户上网缴纳水费提供了很好的支持。特别是支付工具与银行的合作，自国内最大的独立第三方支付平台支付宝宣布开通公共事业缴费业务后，居民又多了一项非常容易操作的水费缴纳途径。居民可以不用在银行或者公共事业单位的缴费窗口排长队，而只需通过上网轻轻点击鼠标，就可以轻松完成缴费。除了给自己缴费外，只要有他人的缴费账单，给父母或亲朋好友代缴都一样方便。与此同时支付宝缴纳水费也在不断创新，开展起"水费代扣"业务。用户只需凭支付宝账号，按照网站提示，在网上开通"水费代扣"业务，水费将在每个缴费期，从支付宝账户或与支付宝账户关联的银行卡中扣除。

手机作为客户随身携带的通讯工具，成为网络支付渠道的最佳选择。无论是支付宝和微信缴费还是通过手机银行缴费都可以在手机上完成。

2）POS机刷卡缴费

供水企业通过与第三方机构合作，拓展利用POS机刷卡缴费。用户只需在POS机上输入用户号及银联卡密码，便可像商场刷卡购物一样交纳水费并打印票据，同时在营业系统内自动实时销账。农村地区村民可以通过加装在村口便利店或村委会的助农取款POS机，解决缴费难题；而城镇地区居民届时可利用居民小区内便利店、物业公司的POS机，在家门口完成缴费。供水企业还可以配置移动POS机，收费人员可以手持POS机终端为客户提供上门缴费服务，极大地方便了广大客户。

2. 计算机销账过程

销账工作即是对每天银行代收、银行托收、银行自动转账、门市自收、外办事处转入的各类传票所包含的用户付费回执进行核销，统计本区当日的水费收入，转出非本办事处和非本公司的收入。

目前各地供水企业采用的主要有计算机销账和人工销账两种方法。人工销账是传统的销账方式，手工输入需要销账的用户号，核对金额进行销账。而随着科技发展，一般供水企业都是用计算机营销软件进行销账，一般采取电子文档进行手工导入计算机系统进行销账或者系统纯自动销账。

销账过程如图5-17所示：

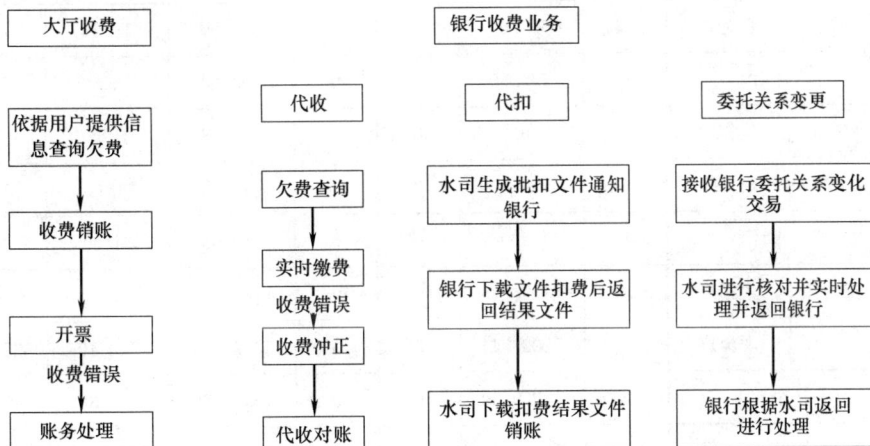

图5-17　计算机销账过程流程图

3. 收款日报

每日计算机或者人工销账后，应打印水费账务日报表，可以按收费员统计（表5-1）。它反映了自来水营业部门当日营销的最终结果，是企业财务部门登账的依据。

收费日（月）报

一收费员

表 5-1

营业区域：总公司统计时间：2019-01-01 至 2019-01-01

收费员	收费方式	用户类型	笔数	开账金额	本次余额	上次余额	实收金额	滞纳金	合计
付费通	代收	代扣户	11	1301.24	0	0	1301.24	40.70	1341.94
		现金户	43	2217.56	0	0	2217.56	14.20	2231.76
	小计		54	3518.80	0	0	3518.80	54.90	3573.70
陆旭群	现金	现金户	5	149.60	0	0	149.60	9.40	159.00
	小计		5	149.60	0	0	149.60	9.40	159.00
微信	微信	代扣户	123	8576.96	0	0	8576.96	195.20	8772.16
		现金户	285	18658.70	0	0	18658.70	476.60	19135.30
	小计		408	27235.66	0	0	27235.66	671.80	27907.46
魏海燕	现金	代扣户	2	64.60	0	0	64.60	3.60	68.20
		现金户	10	343.40	0	0	343.40	22.60	366.00
	小计		12	408.00	0	0	408.00	26.20	434.20
银联代收	代收	代扣户	3	295.80	0	0	295.80	0.00	295.80
		现金户	16	550.20	0	0	550.20	5.60	555.80
	小计		19	846.00	0	0	846.00	5.60	851.60
邮政代收	代收	代扣户	3	61.20	0	0	61.20	0.30	61.50
		现金户	14	694.60	0	0	694.60	16.30	710.90
	小计		17	755.80	0	0	755.80	16.60	772.40
余益蓉	现金	代扣户	4	279.68	0	0	279.68	31.20	310.88
		现金户	5	139.40	0	0	139.40	3.40	142.80
	小计		9	419.08	0	0	419.08	34.60	453.68
支付宝	支付宝	代扣户	228	14208.86	0	0	14208.86	249.20	14458.06
		现金户	596	32020.44	0	0	32020.44	709.10	32729.54
	小计		824	46229.30	0	0	46229.30	958.30	47187.60
合计			1348	79562.24	0	0	79562.24	1777.40	81339.64

思 考 题

1. 自来水水价是如何构成的?
2. 简述用水分类简号及其作用?
3. 自来水企业中水费账单有何作用?
4. 量高量低的判别应从几个方面去考虑?
5. 简述内复的工作内容。
6. 阐明外复的具体工作内容。
7. 水费的缴纳方式包括哪些?

第六章

用 水 业 务

第一节　接 水 工 程

接水工程是给水工程中供水和配水管网系统中的一部分。即从城镇输配水干管（原则上从配水干管）上接出，将自来水送到用户用水管的那一部分进水管道（包括水表配件等）工程。用户"三来"中的来信部分，相当数量涉及接水业务。供水企业都根据各自的特点，对新用户的新装，老用户的放大、移装、添装制订相应的业务管理流程，为城镇人民生活和工农业生产提供更好的接水业务服务。

1. 与接水查勘有关的名词解释

1）输水干管：从水源到水厂或从水厂到配水管的输水管线称为输水管。

2）配水干管：一般是指 从输水干管上可以直接接出进水管到用户的管道。

3）进水管：从配水干管到水表之间的一段水管。

4）进水设备：指接水阀、进水管、水表、闸阀和各种配件。

5）用水管：指水表以内用户的水管。

6）用水设备：指水表以内的水管、各类闸阀、卫生设备、用水龙头、水池、水箱、水塔及工业用水设备等。

2. 接水业务分类及说明

公司供水的范围主要是城镇的建成区。凡公司配水管网到达地区，并有供水能力的，可受理申请接水放大、装表等业务。凡需公司供水者，应先提出书面申请，提供有关用水资料，经公司调查后，办理接装手续。

接水业务分类、说明如下。

（1）企事业、单位（包括商店）

是指工矿企业机关、商店、饭店、院校、宾馆、影剧院等单位，因无自来水或用水量不够，需要放大的，该接水、放大、装表费用，全部由用户负担。

（2）新建的职工住宅

职工住宅分三类：统建工房、系统工房、商品住房。以上三类住宅所有排管、接水、装表等工程的费用全部由申请接水户负担。

（3）一般住户接水装表

一般住户是指零星公、私房屋用户装表接水。

1）公房：由所属房管所提出申请，接水装表的费用由房管所负担。用水设备属房屋附属设备，由房屋所有者装置及维修养护。

2）私房：由业主提出申请，并负担接水装表的费用。

（4）企事业、单位、大楼内部自备消防专用管接水

企事业、单位、大楼内部按防火要求，经公安部门消防处核准后，公司才能按供水条件接受自备专用消防管接水申请，申请户按照核准的内容安装消防用水专用管及消防用水设备（消火栓、消防接合器、自动喷洒灭火器等）。接水工程的全部费用由申请户负担。

（5）受理申请户贴费排管

凡申请接水户在公司配水干管尚未到达地区，或原有配水干管不能满足供应时，如申请户要求新排配水干管或放大原有配水干管，公司根据市政设施情况可接受申请。所需排管的工程费用，凡在公司非计划排管地区，申请户全部负担。凡在公司有计划排管地区（即用户未入申请前，此地区已计划排管），由申请户负担部分工程费用。

3. 申请接水（装表）的手续

凡工厂、企业、机关、学校、饭店、一般住户等向公司提出接装生产生活、消防、施工用水、里弄改善用水困难增装水表等，必须备文写明户名、用水地址联系人、电话、厂休日、用水资料办理申请手续。具体如下：

1）申请接水装表放大、移装等事宜，一律用书面申述理由，单位加盖公章，个人盖私章。

2）凡属征地建厂（或单位）的申请接水必须附有规划部门的证明。

3）凡新建、扩建房屋（工厂、院校、工房等单位）申请接水、放大须附送自来水系统设计图纸（包括地形图、上下水平面布置图、上水透视图、分层建筑平面图、水池、泵房平面和透视图）。

4）凡消防接水应附公安部门消防处批文附图纸。

4. 接水（装表）的查勘工作

每一个用水用户建立后，要在相当长的时间内，保证用户安全供水，并为其抄表计量、收费、养护维修等，因此，对用户申请接水的查勘和审核必须慎重、妥善，按制度办理。

（1）查勘前的准备工作

1）用户按申请手续申请，并缴付查勘业务费后，查勘员与用户约期查勘。

2）查勘员审核申请户图纸发现问题，应及时通知申请户或设计部门改正。

3）接水业务须查阅管线图纸，附近用户的用户资料；放大业务须查阅原用户卡，摘录有关资料。

（2）查勘要求

1）申请接水的来信应在七天内进行现场调查处理。

2）查勘员现场调查时，须向用户详细说明接水装表有关事项。

3）凡输配水干管未到达区域或原有输配水干管不敷供应，可提出排管建议。

4）凡用户申请接水装表、放大等，经查勘员现场查勘，手续齐全，符合条件者，申查勘员填写《接水调查单》报批。不符合条件者，由查勘员向用户做好解释工作后，写明调查情况和处理意见，交部门注销并归卷。

第二节 检 漏

据 2014 年统计数据，我国自来水平均漏损率为 15.7％，有些地方甚至高达 30％以上，而发达国家最高水平是 6％至 8％。管道漏损导致我国每年流失自来水近 70 亿立方米，相当于一年"漏"掉一个太湖，足够 1 亿城市人口使用；与此同时，我国作为全球人均水资源最匮乏的国家之一，缺水形势日益严峻。管网漏损控制作为供水工作中的重要一环，不仅是水司成本控制的关键，更是践行"节能减排"的重要举措。而控制管网漏损，最有效的方式就是进行管网检漏。

1. 漏损控制的效益

供水管网漏损率是反映供水企业管理水平的重要标志之一，降低供水管网漏损率蕴藏着巨大的经济效益，环境效益和社会效益。

1）节约水资源

漏损水是宝贵的水资源经过净化处理和水泵输送的水，降低漏损就是降低水资源的需要量（即损耗量）。把这些水资源移作他用，定能发挥相当的社会效益。

2）节约给水工程投资

降低漏损水量意味着按比例降低总投资，也就是说漏损降低 10％，总投资可降低 10％。

3）降低成本，降低电耗

自来水输送需经过水泵增压，而水泵的运行又需要电耗，因此降低漏损即可降低电耗。

4）减少漏水所造成的道路和交通安全问题

水管发生漏水容易将路基冲坏，甚至影响附近建筑物基础，路面下沉使载重车辆发生意外事故。同时路基破坏后，会使水管位置移动，造成更多更大的漏水事故。

5）减少漏水所造成的影响水质和人民身体健康

水管漏水必须进行修理，断水时水管内无压力，易使污染物、细菌自漏水口进入水管内使水质受到污染，影响人民身体健康。

2. 漏水原因

形成水管漏水或爆管的因素很多，即使是一处漏水或爆管，也可能是几方面因素共同作用的结果，结合我国情况可能有下列主要因素：

1）管材质量不佳

我国水司较多使用铸铁管和预应力钢筋混凝土管，少量使用钢管、石棉水泥管、塑料管和球墨铸铁管。铸铁管本身比较脆，再加连续浇制工艺使管子外壁的强度有所降低，容易形成裂缝等隐患。预应力管的质量问题则往往是设计或生产过程中造成的，对管材来说用一阶段生产的比用三阶段生产的较差，如钢筋布置不当，保护层不好就会使钢筋锈蚀，最后可能引起爆裂。

2）接头质量不高

这在我国可能是造成管道漏水的重要的原因。接头质量不好可表现为：

① 通水时因施工或管口质量不好造成渗漏。

② 接头因经不起土壤不均匀沉陷或水管伸缩以及水压高等而漏水。

③ 接头刚性太强。当土壤有不均匀沉陷时，将使水管在力学上变成一根很长（可能是几根水管或更长）的承重梁，小口径水管常产生环向断裂，大口径水管易造成大头处折断。如接头是柔性的就能避免这种情况。在严冬水温降低时，水管收缩，如接头填料刚性过强，粘接强度很大时可能使水管拉断或某只接头脱开一段距离，导致水管漏水。如接头能经受一定程度的纵向位移，就能避免这种情况。膨胀水泥和石棉水泥是刚性较强的接头方式，尤其以前者为甚。

3）施工技术不符合规定，主要表现为：

① 水管基础不好。往往由于管沟的沟底不平，机械挖沟超挖又不采取修平措施，使沟底不平。结果使水管沉陷或不均匀沉陷较多，以至逐步损坏接头甚至管道折断。

② 敷土不实。这在大口径管道上更为重要。敷土未分层夯实或管道两边的密实度不均匀，会使管道受力显著增加，增加管道爆裂的可能。

③ 支墩后座土壤松动。大口径管道弯头，T 形管处有较大的推力，主要靠支墩后土壤的被动土压力通过支墩顶住推力。支墩后土壤松动将引起支墩位移，即弯头或 T 形管位移。

④ 接口质量差。如石棉水水泥接口敲打不密实，橡胶就位不正确或不密实。

⑤ 水管接口角度借转过多，加上其他因素，易使接头损坏或脱开。

⑥ 水管下面有其他管道如混凝土下水管紧挨着上水管道或支墩为平基形成直线接触将水管破坏。

4）低温

低温时水管收缩使管道增加新的应力，尤其在接头刚性较强的场合，影响尤为明显。

5）其他工程影响

附近开挖管渠、开挖深沟、打桩、拔桩、降低地下水位或堆土等工程的施工过程，可能引起地下水管损坏，主要表现为：

① 附近开挖深沟。沟底越深，距离水管越近，水管下土壤产生的沉降量越大。

② 降低地下水位。为了施工需要降低地下水位，水位每下降 1m，相当于使管道下土壤的压力增加 $1T/m^2$。不均匀的水位下降和不同的土壤条件，将使管道承受不均匀沉降的应力，导致管道或接头损坏。

③ 打桩和拔桩。打桩时，由于土壤挤压和振动会影响管道周围的土壤变形。一般在管道附近打深桩，易使管道向上（和偏桩的另一侧）方向凸起，引起管道损坏。拔桩可能引起相反的结果。

6）管道防腐不佳

内壁防腐不佳的金属管道，遇到硬水或 pH 偏低的水，就可能腐蚀。内壁腐蚀会显著影响管道输水能力和水质，腐蚀也会使管壁减薄，强度降低，到一定程度便会发生爆裂现象。金属管道尤其是钢管和白铁管，如外壁防腐不好，由于土壤和电腐蚀等因素，会使管道腐蚀，管壁减薄。钢管、白铁管容易引起局部穿孔漏水，严重的会发生爆裂。

7) 道路交通负载过大

管道设计时考虑承受一定的车辆等活荷载。如果埋管过浅或车辆过重会使负载增加，导致路面凹凸不平。车辆在凹凸不平的路面上行驶，也会增加对管道的负载，过大的负载容易引起接头漏水甚至爆裂。

8) 水压过高

水压过高水管受力也相应增加，漏水与爆裂概率也会增加。

9) 水锤破坏

由于机泵突然停止，闸门关闭过速等因素，使水流突然变化，可能引起压力高低起伏的水锤现象。水锤可能引起很高的压力。管道越长，关闭闸门越快，水锤引起的增减值越大，它可能使水管或水泵爆裂。

10) 其他

如地震、矿区地下开矿后引起土壤不均匀沉降、土壤滑坡塌等因素引起管道损坏。

3. 检漏常见方法

目前国内外控制管网漏损方法主要有：被动检漏法、音听检漏法、区域装表法、区域测漏法等。

(1) 被动检漏法

被动检漏法是一种最原始的检漏方法，直接从地面上观察漏水迹象，如路面有清水渗出，排水井中有清水流出，局部路面下沉，晴天出现湿润的路面或旱季某些地方树木花草特别茂盛等。

1) 主要优点

其设备投资少，管理费用低，既可依靠广大市民义务报明漏又可组织公司人员进行巡检。

2) 主要优点

它是一种以发现明漏为主的方法，对暗漏和漏水点不是冒水点的明漏无法发现和判断漏点，仅采用该方法很难将漏损率降到较低的水平。

(2) 音听检漏法

用仪器寻找漏水的声音，从而找出漏水地点，是目前我国各水司主要采用的检漏方法之一，具体分为阀栓听音和地面听音两种。阀栓听音用于查找漏水的线索和范围，简称漏点预定位，是用听漏棒或电子放大听漏仪直接在管道暴露点（如消火栓、阀门及暴露的管道等）听测由漏水点产生的漏水声，从而确定漏水管道，缩小漏水检测范围。地面听音法用于确定漏水点位置，简称漏点精确定位，当通过预定位方法确定漏水管段后，用电子放大听漏仪在地面听测地下管道的漏水点，并进行精确定位。

1) 主要优点

① 使用工具简单，一次性投资和日常管理费较低；

② 可利用闸门等设备采用直接音听法；

③ 可方便地进行成段范围内的检漏；

④ 该方法也可用于检查室内给水设备。

2) 主要缺点

① 在声音较大时，听得的范围也较大，反而难以确定正确的位置；

② 有时漏水声最响处不一定就是漏水点，需要依靠检漏工人的经验判断。故检漏效果一定程度上取决于检漏人员的经验和素质；

③ 在交通量大或工厂、泵站等外界噪声经常较高时，会影响检漏工作；

④ 当漏水声音过小时难以用音听法检出。

（3）区域装表检漏法

此法是把供水区域分为较多的区块。在进入该区的水管中安装水表，争取使进入该区的水管尽量少些，以便少装水表。如果水管经该区后尚需供下游的区域用水，则在流入其他区域的水管处再装水表。接着抄录这些水表的计量就可以知道在一定时间内进入该小区的净水量。

1）用于区域装表的水表要求

① 口径大于 $DN75mm$，能连续记录累计量；

② 能满足区域内最高时的流量；

③ 夜间最小流量时，水表精度能符合要求。

2）测定方法

如果我们把该区内的用户水表和区域水表的抄表日期放在同一天，并使抄表时间差的因素缩小到最小的程度，且水表精度能达到要求，考虑消防用水等因素后，则两者之间的差额就是该区域在抄表间隔期间内的漏损水量，据此可以求出该区的漏失率。如漏失率未超过允许值，则认为漏损正常，不必再在该区从事检漏工作；如超过允许值，则须在该区检漏。检漏可用音听检漏法找出漏水点使漏失率达到允许值以下。

3）区域装表法主要优缺点

① 主要优点

a. 只要抄录水表（仅仅多抄录几个区域水表）即可判断该区漏水情况，可减少检漏工作量。

b. 对自来水公司来说，区域水表记录的流量是一个重要的基础数据。它可以作为节点流量用于水力计算，这样节点流量的精度可大大提高；同时据此可了解各区用水增长情况；可也用于了解该区不同季节的日夜用水变化规律，用于经济调度。

② 主要缺点

a. 大口径的水表装置较多，初期投资较大，为装表使管道断水次数较多。

b. 为减少装表，往往需关闭部分闸门或切断某些水管，这样影响水管环通，可能对水管供水水质及安全供水程度有所影响。

c. 最后确定漏水地点仍要靠音听检漏法。

d. 城市配水干管不能包括在区域装表法内的，仍要用音听检漏法施测。

e. 在抄水表和计算时，要受到水表走率不准的影响，受到正常的"估计抄表"的影响。

（4）区域测漏法（最小流量法）

在生活区或日夜连续用水户较少的地区，把它分隔为若干个测漏区，经验上是每区宜按 1000～4000 幢房子（或用户）划分。测漏时除测漏表外，关闭所有连通测漏区的阀门。测漏在深夜用水最少时施测，扣除工业等连续用水用户的用水量，其最低流量大致就是该区的漏损量。如漏损量未超过允许漏损量值，则表示该区基本上无漏水或漏水很少，那么就不必再检查该区的具体漏水地点。如超过允许值，就要多关闭部分阀门，排除一部分管道，目的在于缩小测漏地区的影响，接着再比较缩小影响后地区前后的最低流量。如流量不变或在允许值内变化，则说明排除在外的那段管道漏损情况是正常的。如果差距较大，则说明该段管道有漏水。这样可一步步地把漏水地点缩小到两个闸门之间的管道上。然后再用音听法检查具体漏水地点。

1）区域测漏法的分类

区域测漏法又可分直接区域测漏与间接区域测漏法。

① 直接区域测漏法就是在测定时除了测漏水表外，要关闭所有进入该区的闸门，并关闭所有用户水表前的进水闸门，这样测得的流量就是此时该区内管网的漏水量。这么一来，由于测试时压力将与平时服务压力有所变化，核算漏水量时应加以折算才是平时的漏水量。

② 间接区域测漏法就是在测定时除测漏水表外，关闭所有进入该区的闸门，但不完全关闭用户的进水闸门，这样测得的流量为管网漏水量和个别用户的用水量。

2）间接区域测定法的理论依据

间接区域测定法是利用排队理论。即不是所有用户都是同时用水，有一个间隙可能用水很少甚至不用水，在深夜生活用水地区，这种机会较多，此时记录下的水量（最小水量）可视为漏水量。至于怎样判定不用水的空隙时间，可按照排队理论和附注的假定条件来计算，那么这时的流量是漏水量和个别用户用水的总和。关于这个问题需查阅更专业的书籍，本文不做更多讲述。

3）主要优缺点

① 优点

a. 据英国及日本等国经验，该方法能取得比其他方法更好的漏损控制效果；

b. 可找出漏水点在哪二个闸门间的管道；

c. 据国外经验该方法的经济效益优于其他方法。

② 缺点

a. 基本上使用于生活区；

b. 闸门必须能关闭紧密；

c. 需要安装可安装测漏水表的接管设备，需一定投资；

d. 最后仍要用音听法确定具体漏水地点。

（5）区域装表和测漏复合法

这个方法是兼备区域装表法及区域测漏法的复合方法。区域所装的水表在白天或一定时间间隔里起区域装表法作用，当需要区域测漏时起区域测漏法的测漏水表作用使水表的使用范围增大。如果选不到即能记录流量范围很大而灵敏度又能符合要求的单一口径水表时，可改用大小水表组合的复合水表，这样当流量小时可通过小水表记录水量。

（6）相关仪测漏法

相关仪是一类基于互相关计算方法及采用微处理技术的便携式自动漏点定位设备，根据漏水处产生的噪声沿管道传播到达分置的传感器的时间差来确定漏水点位置。总的来说，相关仪操作简单，探测结果受环境噪声和人为因素的影响较小，须注意的是在进行相关探测前须先查清被测管道的走向及分布，然后找到合适的放置传感器的地方（如被测管道的管壁、阀门、消火栓等），清除接触处的污杂物，让传感器的磁钢部分被直接吸住，以便漏水噪声能最大限度地传给传感器。如果安装使用水听器，一定要放尽空气，让传感器部分完全浸在管道的水中，以利于充分接受漏水噪声信号。为了提高相关检漏效果，有时需要调整滤波器的频率范围，使干扰信号最大限度地被过滤掉，让有用的漏水噪声信号最大限度地通过。被测管道内的水压的高低对相关仪的工作影响很大，水压低于 0.1MPa 时，由于漏水能量小，漏水噪声的强度和频率都很低，会导致相关仪工作困难。

（7）示踪气体技术

选择示踪气体的原则是无毒无害，不溶于水，比空气轻，易获取，价格低廉，目前较理想的示踪气体有氦气和氢气。往待测管道内注入示踪气体前，须关闭其与管网和用户的联系阀门，示踪气体进入管道后达一定浓度时，将在漏点处逸出，因为示踪气体比空气轻，会渗过土壤和路面，基本上会在漏点正上方冒出地面。采用专用的气体采集器，沿管道走向在地面按一定间距采样，根据其浓度变化曲线就能确定其漏点。采用示踪气体能探测出用常规声学方法无法探测出的噪声微弱的小漏点或造成管网失压的很大的漏点，示踪气体法的缺点是须停水作业，操作复杂，成本较高。

（8）热敏摄像技术

使用热敏摄像技术探测漏水的依据是，从管道内泄漏出来的水改变了与其接触的土壤的热学特性。通过便携式、车载式热敏照相机摄像或航空热敏摄像可发现这些漏水导致的热"陷阱"，并确定漏水点。该方法仅使用于人烟稀少处的长距离输水管线漏水探测。

（9）探地雷达

水从管道中泄出，冲刷管道周围的土壤，往往会形成水穴和空洞，通过查找这些水穴和空洞，探地雷达就能找出可疑的漏水点。同时，由于水的渗透，管道周围土壤的电性，尤其是介电常数也发生了变化，在探地雷达探测图像上漏点处的管道看起来比没有漏水点的管道埋得要深些。探地雷达的优点是能找出一些不"发声"的暗漏，尤其对大口径的管道的探测优势较其他探测方法非常明显。

应用探地雷达探测漏水的劣势也很明显：首先是地下介质对电磁波的衰减性制约了探地雷达适用范围，一般来说，当地阻率小于 200 欧米时，探地雷达不能使用；其次是探地雷达图像的多解性，不是训练有素的专家，根本无法正确解读探地雷达图像；三是探地雷达的探测深度和分辨率是一对矛盾体，不能同时得到满足；四是探地雷达操作复杂，漏水探测效率低。因此，现阶段，将探地雷达用来进行漏水探测，性价比不高，只能作为补充手段。

综合了以上各种检漏方法的优缺点，水司在实际操作中应结合供水区域自身条件选择合理合适的检漏方法，具体可参照以下几点：

1）在不同条件下应因地制宜选择经济合理的漏损控制方法。一般讲，给水系统的造价越高，水的成本越高，水资源短缺，尤其是因缺水影响社会效益的时候，越应该加强漏损控制。

2）被动检修法只有在供水能力有多余，制水成本很低，而管道又基本上在泥土下，一旦有漏可轻易发现的情况下采用。

3）音听法几乎是每个自来水公司都必须具备的措施。而且即使选用其他方法最后判断漏水地点仍需使用音听法，但音听法的效果受人员素质的影响较大，如有素质高的技工加上现代化的音听设备，采用这个方法可以取得很好的效果。

4）在以生活供水为主的地区，或虽有工厂但允许晚上短时间断水的地区，采用区域测漏法是合适的。采用这种控制方法，漏水点较难被忽略掉。

5）一个供水区不一定选用一种方法，可根据各分区特点选用不同的方法，在暗漏自报率不很高的条件下，争取在生活区采用区域测漏法或区域装表法。

4. 检漏工具

检漏工具主要包括听漏仪和辅助工具寻管仪。

（1）听漏仪

听漏仪可分为不用电类型和用电类型。

不用电的听漏仪有听漏饼和听漏棒，它们的工作原理都是把漏水冲击土壤或漏水从漏孔中喷射出来使管身发生的振动的频率传至地面时，用听漏饼或听漏棒通过共振，由空气传至操作者耳中，这种仪器虽不用电但也有一定的放大作用。听漏棒约百年前就已传到我国，来源可能是英国，听漏饼在40年代由美国传至我国，当时的产品是由美国芝加哥Allen Howe 厂出品，后来由各地水司自造自用。听漏棒多在我国南部各水司使用，北方水司则多用听漏饼，从操作者反映来看，尽管有了电子管扩音等设备，但这种老式产品还是好用的，他们甚至拒绝使用新式仪器。这两种仪器照图制造并不难，但要做到很灵敏就不容易了，而仪器要求的关键就是灵敏度，所以凡做出的仪器都要经过调试，直至灵敏度达到最佳状态为止。

电子听漏仪主要由拾音器、信号处理器和耳机三部分组成。其工作原理是利用地面拾音器收集漏声引起的震动信号，并把震动信号转变为电信号转送到信号处理器，进行放大、过滤等处理；最后把音频信号送到耳机，把图形、波形或数字等视频信号显示在显示屏上，帮助确定漏水点。听漏仪的高放大倍数，使很微弱的漏水声音都能够被听到，这是听音棒无法比拟的。

漏水相关仪是一种基于声学原理的检漏仪器。在20世纪80年代初出现了商品相关仪，随着IT技术的高速发展和数学计算理论的不断突破，为相关仪技术的飞跃发展创造了条件，最新的P200相关仪采用UMPC或普通笔记本电脑作为处理和主控单元，配备功能强大的专业相关分析软件，具有自动频率分析、自动滤波、3D相关分析、多重相关技术、自动评价相关可信度等高端相关功能，能够快速、准确、可靠地定位漏水点。相关仪可以对穿越河底、铁道下或其他建筑物下的检漏人员难以接近的漏水管道进行检测，对于有些埋设很深，以致在地面无法听到漏水声音的漏水管道，相关仪更能显示它的优越性。对于传感器收到的环境声音干扰，如果是不相关的，就不影响相关仪的工作，因此通常可以在白天使用相关仪进行检漏作业。但是管道的材质、接口形式、管道水压、破口形状、破口周边土质、甚至地下水位都会影响相关检漏的效果。

（2）寻管仪

各种测定具体漏水地点的方法均需事先知道管道的位置。如不知道管道位置，用音听法确定漏水地点时，会因音听点远离管位而听不到漏水音，相关检漏仪也不能正确指出漏水地点。管位资料主要依靠竣工图，如资料不齐或缺乏资料则必须依靠寻管仪寻找具体位置。

1）金属管寻管仪

一般寻管仪分两部分：一是讯号发射器，使用讯号感应金属管；二是接收器，能接收发射器发出的感应高频讯号（一般为 100kHz 之类的频率）。寻管时使发讯器和接收器在地面上移动，当发讯器和接收器均在管上时接收的讯号最强。利用这个原理可以寻找埋设的位置、弯头和接出的 T 形管。如果把接收机斜放与地面成 45°交角，然后仍与地面成 45°移动接收器，当接收讯号最弱时，地面上管中心与接收器中心的距离就是管子的深度。

遇有闸门，消火栓等与水管连接的设备时，也可把发射器的输出讯号直接与管件接触，然后移动接收器位置寻找管位。

寻管仪可以正确地找出管位但不能区别水管、煤气管或电缆等管种。这需要我们加上其他因素来加以判断，如我们找到管位上的闸门或连接的消火栓，就容易识别出是什么管道。

2）非金属水管寻管仪

非金属管道如石棉水泥管、塑料管等，不能传导感应电流，因此可利用水传导音频性能好的特点，由发射器发射（成音频率范围内）一定频率，利用水的传导，用接收器找出讯号最强处，即管位。

3）寻人孔盖仪

因覆土或修筑路面，闸门盖有时被掩盖，而检漏或修漏时常须利用闸门。确定闸门的位置主要依靠档案资料，有时因资料不齐，或为了方便，可用寻盖仪寻找闸门盖位置。一般寻盖仪有两个振荡器，一个振荡器的线圈约为 30cm 直径，另一个为小型线圈。两个振荡器的频率相同，一般为几十千赫兹。当附近遇到闸门盖时，大线圈的电感量改变，振荡频率也改变，于是两个振荡器发生频率差。当差值大于几十赫兹时，人耳能听到声音。利用这个原理，可以正确地找到约 30cm 深度范围内的闸门盖位置。

第三节　常见用水问题

1. 水量异常问题

在日常供水管理工作中，用户反映水量异常是水司常见问题之一。

（1）原因分析

1）抄表读数出错

不管是人工抄表亦或是远程抄表都存在抄读错误的可能，如遇水量异常可先查看水表抄读数据是否正确。

2）表后漏水

用户用水正常而水表计量水量突增，主要原因是表后漏水，表现为用户不用水时水表继续匀速转动。此时用户应检查表后，观察水管或者用水器是否有漏点。先检查所有用水设备（水龙头、淋浴器、座便器等）、阀门有无漏水现象，如果以上设备无漏水现象，再检查表后管道。对于房屋地基下、埋在地下的管道以及室内卫生器具应进行重点排查，必要时需请专业人士听漏查漏，以便尽快修复漏水点，减少水量损失。

3）水表计量出错

专业人士提醒，如果用户确认表后没有漏水现象，并且不用水时水表不运转，则可到水务公司申请换表校验，将水表送至专业的水表检定机构进行检测，检查水表计量方面是否存在问题。

（2）处理流程

1）用户告知

① 异常发现

抄表员上门抄表时如发现用户水量异常，应停发《抄表告知单》和《用水异常情况告知单》，根据水表运行情况初步判断异常原因，保护好现场，对水表初步拍照取证，并第一时间向营销科长汇报情况，由营销科长指派工作人员上门核查。

② 核查

核查人员接到核查任务，1个工作日内上门查看，核实抄表信息，对现场情况进行拍摄像取证，要求全程扫录，包括门牌号、钢印号、水表度数等，并做好记录。

③ 告知

核查人员应当面告知用户（产权人），让用户签收《用水异常情况告知单》；如用户拒签，则告知物业公司或村委会等第三方。

未能当面告知的，张贴《用水异常情况告知单》并拍照，并通过短信或电话通知用户，做好相应记录。

如果用户对水表性能有疑义，建议用户申请水表检定。

需采取关阀措施的，张贴《温馨提示》并拍照；遇水表前阀门无法关闭的，将信息带回公司，由管网科负责更换阀门。

④ 水表检定

用户签订《贸易结算水表检定申请协议》申请水表计量检定，由用户和水司共同送检，在2个工作日内完成。为能客观公正地体现水表完好送检的事实，送检时需粘贴封条，由用户在封条上签字确认，并对送检水表和备用水表拍照取证。

水表检定不合格的，按检定结果予以调整水费。

⑤ 协助检查

如果用户来电反映不用水时水表会走度，分公司应在4小时内协助检查水量异常原因，并填写《水量异常客户服务单》。

⑥ 信息回递

工作人员应将取证摄像或照片、《用水异常情况告知单》（存根）、《水量异常客户服务单》以及通话记录等资料交予营销科长复核，并上报分管领导。

2）用户协调

如果用户对水费有异议，分公司应与用户进行当面协调。协调时，应由营销科长或分管领导出面，不管协调成功与否，都要进行全程录音，并做好详细记录。若协调成功，应要求用户签字确认。

3）水费减免

严格按照公司文件规定执行水费减免，减免时需做到以下两点：①用户提交书面申请报告，出具相关证明；②补签供用水合同、在营业系统中登注手机号码或固定电话。

4）欠费催缴

① 当月月底进行短信催缴，各供水分公司电话催缴，做好相关记录。

② 次月1~3日发送《水费催缴单》，现场告知用户或拍照。

③《水费催缴单》发送 20 天后，发送《停水通知单》，现场告知用户或拍照，拆表前电话或短信通知用户，做好相关记录。

④《停水通知单》发送 10 天后拆表停水，在营业系统中登记拆表信息。

5）资料存档

各供水分公司按户号将所有资料形成卷宗保存，并制作成影像文件上传至总公司 FTP 服务器，便于查询。

6）媒体采访

各供水分公司要谨慎对待媒体采访，遇电话采访时应婉拒，并邀请其来现场进行采访。工作人员原则上需经分公司领导同意后方可接受现场采访，如已接受采访，事后应及时向分公司领导汇报。新闻媒体采访可能对企业造成负面影响的，分公司领导还须在第一时间向总公司领导汇报。

2. 水表自转问题

在排除户内漏水的情况下，若不用水时发现水表齿轮依然转动，主要可能由以下两种原因引起。

（1）压力不稳

1）原因分析

户内供水压力不稳多由水锤现象造成，水锤是指在有压管路中，由于某种外界原因（如阀门突然关闭、水泵机组突然停车等），使得水的流速发生突然变化，从而引起压强急剧升高和降低的交替变化。从水锤的描述中，可以看到水锤可以造成管路中的水压急剧升高和降低，在这种状态中，常态下被看作是不可压缩的水，将变得可压缩。此时，如果管路附近有水表，那么水表后管路中的水体就会随着管道的压力升高而体积缩小，压力下降而体积增大，在水表前后形成水流推动水表计量，造成水表自转现象。这一现象在管网中是普遍存在的，如在同一栋楼道内的两块表，当一家开水或关水时，另一家水表就会产生转动；这一现象造成水表的自转一般表现为水表正转一会，反转一会，计量正负基本可以抵消，并且其出现的频率及产生的水锤影响也较小。如果水锤效应较大，频率较高就会影响计量，且对管网安全也会造成隐患，会影响水表计量。还有一种情况是，供水管直接和有些容器连接，往往会产生压力不稳，有时会产生正反向动能，造成水表自转。

2）处理方法

水锤的解决方法是找到产生水锤的原因，消除这一因素。尤其在水表安装不规范的前提下，比较容易发生由水锤引起的水表自转现象。当水表的安装位置低于标准高度，或者距离主管太近，水表直接受到水压波动和上下邻居启、开水龙头时会形成水锤作用，出现"自走"。产生水锤还可能是由于在施工中未按规范规定安装，表现为：

① 倾斜安装。由于水表是按轴线与水流方向平行的运行状态进行设计校验的，所以倾斜安装会导致水表转动不准确。

② 水表前后没有足够的直管段，一般为阀门局部关闭，近距离弯头、三通、变径都会引起旋涡。

（2）管道进空气

户内不用水时观察水表，若水表有轻微转动，时而停时而转动，亦或是时而正转时而倒转，则可能是由于管道进空气引起。

1）原因分析

自来水生产工艺基本都是露天进行的，在水中不可避免会溶入气体，同时在管网维护抢险时也会混入气体，当这些空气进入管网中不能及时排出时，水流会把空气压向管道的各个端口，形成压缩空气，当气压与水压相等时，气水之间存在一个界面，界面两边的压差为零。当水压发生变化时，气水平衡破坏，界面两边形成一定的压差，促使管内的水流动，通过管内空气体积的膨胀或收缩来改变空气的压力，形成新的平衡，这个过程形成了水表的转动。在理想的情况下，水表应是交替正反转动，不会影响计量，但由于水表校验中只能保证正面通过水的灵敏度，所以对于部分水表会出现正转数大于反转数的现象。

引起管道内有空气的情况较多，如深夜供水单位进行调压，新通水或新换水表的住宅、较长较小的管网末梢发生过停水、断水情况的管网、间断供水区的管网、用户在屋内私自改造管线，留下管道盲端等。

2）处理方法

① 排除管道内空气，首先将表前阀门关闭，打开表后所有水龙头，先将管道内的余水放尽，再打开前阀门放水1～2分钟，排除管内空气。

② 排除末端处空气。根据房屋内管道安装情况，若有管道端堵头（有时可能有几个），应首先关闭表前阀门，打开堵头，然后开大阀门，让水流把管网内空气排出；关小阀门直到水缓缓地从管口溢出为止，盖上堵头，开大阀门，可以正常通水。

③ 在用户的表后安装止回阀。

④ 有些用户若长期不用水，可将表前阀门关闭，用时再打开。

⑤ 检查单元立管的微量排气阀是否打开、开足，如堵塞或损坏，更换或维修；如多层的立管无排气阀，可以增加一个，以便于空气顺利地排除。

⑥ 检查小区附近进水管是否有桥管，如有桥管检查排气阀是否打开、开足，是否正常。

⑦ 检查用户附近有没有用水泵抽水、补水的现象，一般以施工工地为主，如有，要加以制止。

⑧ 若用户附近有商业大楼或中高层住宅，需进一步了解大楼的供水模式，如模式是水池＋变频供水的，需对水池的进水管进行改正，将进水口移到一般水位的下面，避免水池进水时产生的水压不稳现象，如图6-1所示。

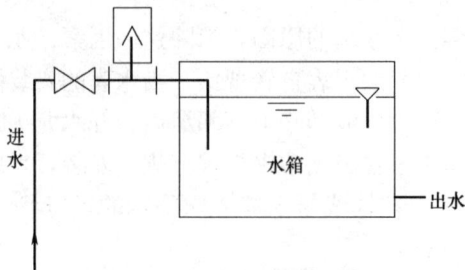

图 6-1　水箱进出水示意图

3. 水压异常问题

一般市政管网压力约为0.30MPa左右，基本能够满足城市6层楼用户水压要求，个别用户由于所处地理位置较高，公共供水管道水压不能满足用户使用要求时，必须增加二次供水设施进行加压供水。但在实际运行过程中，存在着局部管道配置过小、用户数过多或漏水、阀门损坏或未开足、加压设备损坏等原因，因此会出现反映压力低的现象。若接到用户反映供水压力异常的工作单后，应与用户及时沟通询问具体情况，首先确定是市政直接供水用户、多层加压用户还是高层加压用户；再要确定是个别用户还是较大范围用户反映的水压低。

（1）个别用户水压低

如是个别用户反映的话，可按以下程序处理：

1）首先确定是某个水龙头水压小还是户内多个出水点水压小。

2）若是单个水龙头水压小，可能是控制该水龙头的阀门未开足，或过滤网堵塞导致。

3）若是户内多个出水点水压小，查看该户水表接口处是否有漏水，如有应及时修复。

4）若水表接口处无漏水，可用压力表测水表处水压是否正常。如检测出的水压达到正常范围，则可能是由户内水管或用水器具漏水引起，需及时找出漏点；如检测出的水压低于规定范围，可尝试调整减压阀，或进一步测量隔壁或者楼上楼下用户是否正常。若邻居正常，则可能是楼道立管到水表的管道出问题，需一段一段仔细检查；若邻居也有问题，应查看主管是否有漏水，主要包括楼层接口处及隔壁用户使用增压泵等，及时上报维修处理；检查楼道阀门是否开足或损坏，该阀门一般在楼道门口、地下室或管道井内。

（2）较大范围水压低（无加压设备）

如果是整个或多个楼道反映水压低，并且未通过加压设备供水，则应按以下程序处理：

1）询问相关部门，水压低的区域附近有无施工或者主动降压引起的水压或者水量变小，及时向用户解释原因及恢复的时间。

2）查看主阀门是否没有打开、未开足或者损坏，管径从小到大依次检查，及时打开、开足或维修；同时也要检查管道抢修时开启的排水阀门有没有有关闭、关紧。

3）在检查阀门的同时，查看水小的区域内管道是否漏水，如有则立及时上报抢修维护。

4）如排除了阀门等原因后，则存在管道漏水的可能性较大，应该及时安排检漏中心检漏，检漏前先统计好水压低的区域和管道竣工图，以便检漏人员缩小检漏的范围。

（3）较大范围水压低（有加压设备）

如果是整个或多个楼道、高层建筑的其中一个分区或所有分区反映水压低，并且该区域是通过加压设备供水，则应按以下程序处理：

1）明确用户反映水压低的时间点。如是用水高峰期的话，则有可能是泵房的出水压力不够高，可以适当地、逐步地调高；如是后半夜反映水压低，则可能是由于加压设备处于"休眠"状态，当用户用水时是用气压罐供水的，由于气压罐太小等的原因，造成水压不够或不稳定，此时应当取消休眠功能或配置小功率泵替代气压罐。

2）对于中高层的二次供水小区，必须先了解清楚是哪个供水区（直供区、低区、中区、高区或超高区）的水压有问题，如供水方式是设备分区的话，则应检查该区加压设备的运行情况；如是由减压阀分区的话，则要检查该减压阀的运行情况，对其进行清洗、保养工作，并适当调高出水压力，如减压阀坏的话，只能通过更换新减压阀的手段来解决。

4. 水质问题

随着社会发展和人们物质文化生活的日益提高，人们对生活饮用水的水质安全问题表现出极大的关注，饮水安全直接关系到人民群众的身体健康和社会的稳定。通过对用户咨询和投诉的水质问题进行分类、汇总，一般常见的有以下几种：

（1）自来水有异味

嗅味等感官指标给用户的感觉比较直接，成为用户判断水质好坏的重要标尺之一。《生活饮用水卫生标准》GB 5749—2006 中规定"嗅味"指标的限值为"无异臭异味"。

1）氯味（俗称"漂白粉味"）

供水企业为了确保饮用水安全，避免涉水传染病发生，须在生产过程中投加一定量消毒剂（多为氯气及游离氯制剂或二氧化氯）并在水的运输途中保持一定消毒剂余量以抑制微生物在管道中繁殖。《生活饮用水卫生标准》GB 5749—2006 对消毒剂的限值及余量均作出了规定。当自来水中消毒剂余量偏高时，会散发出类似漂白粉的气味，消毒剂余量控制在标准规定限值内，对人体健康无影响，用户即可放心使用。如将水烧开或放置一段时间，漂白粉气味随即消失。

2）臭味

由于地表水体富营养化的加剧，藻类生长对水体的影响程度越来越大。藻类生长产生分泌物，释放到水体中产生异味；如果藻类大面积死亡，细胞内物质直接释放到水体中，会导致水源水中出现明显异味，其中以二甲基异冰片（2-MIB）和土臭素（GSM）最为常见。由于常规处理工艺对致臭物质去除率很低，所以用户能明显感觉到自来水中有"臭味"。虽然这两种致臭物质对人体健康的影响尚不明确，但是饮用水中"臭味"的存在会引起用户投诉和对水质的怀疑。目前，水厂采用投加粉末活性炭或增加活性炭滤池的方式可有效去除水中"臭味"。

3）油漆味

以前部分水管对接处常采用厚白漆加麻丝缠绕进行连接以保证密封性，但在涂白漆过程中水管内壁容易沾染部分白漆，导致自来水中带有刺鼻的油漆味，现已禁止此类做法，一般建议使用生料带。此外对于采用二次供水模式的高层住宅，可能会由于水箱所处的泵房有进行涂料刷新等装修，而在通风条件不达标的情况下，涂料散发的甲醛或其他苯系物溶入水箱中的自来水，导致自来水中带有油漆味。

4）其他异味

一些新建住宅小区或经过水管改造的用户，其饮用水会散发出类似甲醛等有机物的异味，这是由于用户使用 PPR、PVC、PE 等有机材质管材质量不达标或冲洗不干净，使管内有机物及其他杂质溶解至水中所致。新建建筑及水管改造的用户应严把材料质量关，并在正式使用前充分冲放。

（2）自来水颜色异常

1）自来水发白

最常见的情况为用户反映水发白，甚至像粥或牛奶一样。将水放置于透明容器观察，刚接出来的水呈白色浑浊，经短暂放置，即从容器底部向上逐渐澄清，并可看到有小气泡向上溢出。这是一种物理现象，自来水在经管道输送至用户过程中需要加压，由于水压升降和负压影响，空气由排气阀等处侵入管内，高压状态下大量空气会溶入管网水内。当水流出水龙头时，由于压力减小，无数微小气泡与水同时流出，给人感觉为水流带气，自来水暂时变成白浊，但只要将水放置数分钟即会变澄清，对水质没有任何影响。还有一种情况为水变白浊，但颜色不会消失或水经煮沸后发生白浊，这是由于水中锌含量超过一定限制所致，这种情况常发生在新安装的镀锌管的水龙头上，当早晨放出夜间停滞在管内水时出现白浊。

2）自来水呈黑色

管网中出现黑水或有黑渣现象，主要是因为出厂水中锰含量偏高，锰由于水中消毒剂的作用，在配水管道中慢慢被氧化，生成二氧化锰，所析出的微粒附着在管壁上形成粒膜状泥渣，一旦水流向或流速突变，剥离下来的泥渣便形成黑水。通常水厂要对锰含量超标的水源井降低使用量甚至停用，并在水厂内加装除锰设施。

3）自来水呈蓝色

在停水恢复供水或用户水压有较大波动时，自来水有时会呈蓝色，并伴有特殊香味。这是由于有用户在抽水马桶水箱中放入洁厕宝等清洁药剂所致。正常水压情况下，水箱水不会进入供水管道。但当遇到管网失压时，供水管道内会产生负压，出现"虹吸"作用引起水箱水回流污染供水管道，混入了水箱水的自来水会变成蓝色或其他鲜艳颜色，影响其他用户正常用水。严重时，使用洁厕药剂不仅会影响自家水质，甚至会对上下楼及左右的邻居造成影响。被污染的用户需将回流水排净并放水充分冲洗管道。对于在马桶水箱中放置清洁药剂的用户需将水箱浮球调低于出水管，并在水箱内安装止回阀以阻止回流水污染供水管道。

4）自来水呈黄色或红色

用户水龙头出水呈黄色或红色，尤其是早晨第一次打开水龙头。这是由于自来水供水管道和阀门腐蚀，使管道内产生铁锈沉积，在流速偏低或滞留水的管网末端这类铁锈沉积更为严重。城市供水管道的腐蚀及铁元素的释放是造成"红水"现象的重要原因。

水黄、水红由管道腐蚀造成，更新或改造老旧管网能从源头上控制管网水污染的发生。铺设新管网应采用具有耐腐蚀、管壁光滑、水流阻力小、防垢等特点的新型管材，如球墨铸铁、PVC、PE、PP等材质管材。对于老旧管网放水冲洗只能起治标作用，采用管道内衬防锈方法能起到治本作用。如使用环氧树脂和硬化剂混合后反应型树脂对管道内壁喷涂处理，可形成快速、耐久的保护膜，而且树脂无毒无害，不会对水质造成二次污染，防腐效果良好。

（3）供暖季节自来水污染问题

每年入冬，都会有很多用户反映自来水浑浊、味咸、发涩甚至有鲜艳的色泽，水温升高等问题。这是由于供暖水进入供水管道造成的。供热公司出于防止个别用户偷盗供热资源及防止供暖管道锈蚀等目的，会往水中添加一些阻垢剂、化工燃料和臭味剂等药剂。个别人为了一己私利，在供暖季节使用过水热，由于过水热材质问题，长期腐蚀会导致水管破裂，供暖压力远高于供水压力，造成暖气热水流入供水管道，污染供水系统。过水热是一种用供暖热水加热自来水的装置，通过管道（一般为铜管）使自来水流经供暖水达到加热使用热水的目的。如果铜管质量差，长期使用会发生腐蚀破裂，供暖水流入供水管道会造成对自来水的污染。判断是否发生供热水污染，水温升高是较容易判断的一个现象，同时可能伴有水浑浊、味咸、发涩甚至有显眼鲜艳色泽等现象。中央空调循环冷却水回灌至供水管道也会发生类似问题。如果供暖企业锅炉上水阀门关闭不严，大量供暖热水会回灌至供水管道，污染范围更广，影响更恶劣。

（4）自来水中混有油或其他污染物

若发现自来水中混有油或其他污染物，可查看附近是否有化工类企业，其高位水箱可能与市政供水管道直接相连，当其中的止回阀损坏，而市政供水停水时，高位水箱中有颜色或有污染物的水将倒流至供水管道，待恢复供水后被输送至用户处。因此，对于化工印染企业，安装水表时需查看企业内部各工艺环节的供水设施是否符合规定，防倒流装置是否安装到位。

（5）自来水泡茶或淘米后颜色异常

自来水泡茶后颜色异常可能是由于 pH 值偏高所致，如绿茶泡后水颜色偏红，或乌龙茶泡后水明显发黑，同理还有淘米水发绿。造成 pH 值高的原因是小区管道、特别是进水管道多采用的是钢管或球墨管，这两种材质的内防腐均为普通的水泥砂浆。当新小区入住率低时，水流动性较差，易在管道内长时间停留、浸泡，造成管道内水泥砂浆析出量较多，造成水体的 pH 值过高。当较高 pH 值的水用于淘米时，易与析出在米水中的淀粉发生复杂的化学反应，造成淘米水变成"绿色"；用于沏茶时，与茶叶中的茶碱等发生复杂的化学反应，造成茶叶水明显地呈现出"褐色"或"暗红色"。因此在管道设计方面，应尽量少用以普通水泥砂浆作为内防腐的管材；每个楼的各单元处、靠近排水坑处应设计排水口；水箱＋变频供水模式供水的小区，宜在低入住率时（约为 50%）先采用直抽供水，当入住率提高到 50% 以上后，再通过阀门操作切换水箱＋变频供水模式，在低入住率时，省去了水箱中的储水量，相当于减少了水体在管道中的浸泡时间，适当加快水体流动；后期管理方面则要经常性通过各单元处的排水口进行立管和进水管排水工作，人为增加水体的流动性。

（6）水垢

我国一些地区的水中含有较多钙离子和镁离子，因而水质较硬，易生水垢，自来水烧开后会形成白色沉淀物和白色漂浮物，使人厌恶。自然界中的水一般都有一定硬度，由钙镁的碳酸氢盐形成的硬度称为水的暂时硬度，当水加热煮沸时碳酸氢盐分解成碳酸盐而沉淀，由此可以除去；由钙和镁以硫酸盐、硝酸盐和氯化物等形成的硬度称为水的永久硬度，不能以加热的形式去除。我国《生活饮用水卫生标准》GB 5749—2006 中给出总硬度的限值为 450mg/L。水中的钙镁离子被医学家称为人体的保护性元素，它能抵御损害健康的有关元素侵袭。如高氟水地区氟中毒的形成就与钙镁离子有关，在含钙镁离子少的地区，人群易发生氟中毒，而含钙镁离子多的地区则不发生氟中毒。克山病、大骨节病等病因很复杂，但水中缺少钙镁离子也是重要原因之一，预防这些疾病的措施之一就是提高水中的硬度。国内外也有不少报道显示软水区的心血管疾病患者明显高于硬水区人群。人们日常补钙的主要药物之一就是碳酸钙。镁具有保护心肌的作用，当食物中镁的摄入量低于生理需要量时，饮用水中的镁能起到良好的补充作用。补充一定的钙镁离子对人体健康是有益的，所以对于水垢问题要一分为二对待，肯定其有益之处，不要仅看到对身体不利的方面。只要能满足《生活饮用水卫生标准》即可认为水是安全的。

（7）微生物污染问题

每年春夏时节，有些用户水龙头偶见有青苔流出现象，水伴有异味。这是由于藻类在水管内生长达到一定程度后脱落，随水流出水管造成的。水中藻类等微生物因水中所含营养物质、水温等条件适宜而大量繁殖，这些微生物一般停留在支管末梢或管网流动性差的管段，造成管网内消毒剂损耗，微生物生长代谢产物溶解于水使水产生异味。粘附在管内壁上的藻类等微生物，靠水中或管壁上的物质生存，并会造成水管腐蚀。管壁上微生物大量累计，最终形成生物膜。目前，很多用户入户使用的水管为白色 PPR、PVC、PE 等材质，管壁较薄，容易透光，如藻类等微生物在上繁殖形成生物膜，会出现管道变为暗褐色或深绿色，生物膜脱落会随水从水龙头中流出，影响出水水质。

5. 噪声问题

在现代高层建筑中，生活供水及中水泵房可能设计建造在地下一层或地下二层，其上方即为居民住宅，居民容易受到泵房噪声的干扰。

（1）产生原因

泵房噪声产生的原因有水泵房和水箱两个方面，不同的泵房所表现的强度不同。水泵噪声主要由制冷机组、电动机、风机等组成，包括泵体噪声、电机噪声及管道震动噪声三个方面。水泵噪声频谱呈中低频特性，中低频噪声的特点就是绕射能力强，透射能力强，其高频噪声较小，吸声困难，是噪声治理中最棘手的问题，机房内声能量密度过大，加重了透射噪声的污染程度。转速、扬程越高，噪声值越高。该部分噪声一般随距离衰减很小，传至房间内后会使人感到一种随水泵运行而持续存在的令人烦躁的噪声，尤其是在夜间，这种声音更为明显。电机噪声主要以产生的空气动力性噪声为主。

一般来说，水泵的固体传声有以下几种途径：

1）经基础、地板、墙体、楼板等结构件进行固体传声，传至泵房上方各房间；

2）水泵管道在穿墙、穿楼板处通过墙体、楼板向地上传播固体声；

3）水泵管道通过固体在地面、楼板、墙体上的管道刚性支、吊架向地上传播固体声；

4）水泵的压力脉动产生的噪声经管道传递，辐射。

由于传播途径比较多，所以当水泵房的振动达到一定程度，振动会通过结构基础传递到楼上，再辐射噪声，形成固体传声。一般现场机房里的吊顶都采用刚性连接，不能起到减振作用，反而加速了振动的传播。管道的振动通过刚性连接直接传递到基础，影响居民的正常生活和休息，需进行噪声治理和减振处理。

（2）处理措施

对水泵房的降噪设计，根据该机组的性能指标、技术参数进行分析计算确定，依据各频段噪声量大小，有针对性地进行处理。具体如下：

1）对结构传递低频噪声的治理，首先要将设备产生机械振动的振动途径切断，使所有振动设备悬浮于基础上，彻底隔离振动的刚性传递。

2）设备悬浮于基础上彻底隔离了振动设备通过基础传递噪声，但还有与振动设备连接的大量管道通过支架与大楼墙体结构之间的传递转为低频噪声。

3）所有设备的基础减振、管道减振及所有支承架减振均选用新型的专利产品安装，设备与悬浮式配重基础及地面之间，均采用双层隔振方法。

4）水泵进水总管道与水池之间的穿墙部位、出水管道与墙壁之间连接的部位也要进行治理，必须在进水总管、出水管道与墙壁之间安装挠性橡胶软接头，切断水管与穿墙部位的振动。

5）所有安装挠性橡胶软接头的管道，在挠性橡胶软接头的两端用可调支架并联安装"钢弹簧橡胶缓冲减振器"。

6）所有管道支承架与建筑结构之间的悬挂均采用双层隔振方法。

7）有部分管道采用龙门支架安装的管道隔振装置，同样采用双层隔振方法。

思 考 题

1. 接水业务主要分为哪几类？

2. 工厂如何申请接水装表？具体流程如何？

3. 水司在接到装表申请后应如何完成查勘工作？

4. 控制管网漏损有哪些效益？

5. 管网漏水的原因主要有哪些？

6. 常见的检漏方法有哪些？请比较各自的优缺点？

7. 电子听漏仪的工作原理是什么？

8. 造成水量异常的可能原因有哪些？

9. 户内用水管道进空气有什么特征表现？如何判断？

10. 发生供水水质问题时，如自来水中的油漆味从何而来？

第七章

用户"信访"管理

第一节　"信访"的分类和处理期限

用户信访主要是通过来信、来电、来访、网上投诉等方式向供水企业反映各类用水问题。自来水涉及各行各业，千家万户，和人民群众的生活密切相关，用户通过"信访"对供水企业的供水服务工作进行评价，提出意见、建议、表扬和批评。供水企业则从用户的"信访"中，获取用户对水质、供应、服务等各方面的信息，作为改进工作制订计划的依据。

对"信访"进行分类和规定处理的期限，这可以区分轻重缓急、明确职责，对"信访"及时、妥善处理。

1. "信访"的分类

1）业务"信访"。如申请接水，更改户名等。

2）服务"信访"。如水小，水质差等。

3）维修"信访"。供水设备漏水损坏。如管道、阀门、水表漏水。

2. 处理期限及处理期限的计算

各类"信访"的处理期限。

1）业务"信访"七天内。

2）服务"信访"三天内。

3）维修"信访"中，一般的漏水维修在 24 小时内，水管爆裂随报随修。

处理期限的计算：

处理期限是指处理"信访"的部门，从收件时起至第一次到现场处理，或第一次与用户见面时止的间隔时间。

第二节　"信访"的收发管理

对用户"信访"，要设立专门的收发部门，要有专人管理。对用户的"信访"要做到件件有记录，处理有结果，查询有下落。

1. 业务接待岗位的服务规范

1）上岗必须佩戴服务标志，接待室内外环境整洁，公开办事制度和服务纪律。

2）用户来电，铃响三次内应接听，先致"您好"然后自报单位。

3）用户来访，耐心解答，语言亲切，不推诿扯皮。

4）用户来信认真处理，事事有结果，件件有答复。

5）接待用户礼貌、热情、耐心、周到，不擅离岗位，或做与工作无关的事。

6）全心全意为用户服务，不以水谋私。

2. 业务接待人员的职责

"信访"的受理：

1）来信：及时拆封，认真阅读，摘录事由。如信封上注明领导收的来信，应直接交领导拆封。

2）来电、来访、网上投诉：问清来电或来访人的姓名、地址、联系电话，记录来电或来访用户反映的问题。

"信访"的登记：

对用户的"信访"（包括由领导拆封的来信）一般均应进行登记，但对能当即解答清楚又不要续办的来电、来访可不登记。填写"信访登记簿"和"信访处理专用纸"（见表7-1）。

信访处理专用纸（示例）　　　　　　　　　表 7-1

文	×水营（）人字第　号 日期：	来文单位：
	业务科（）人字第　号 日期：	文号：
	办事处（）人字第　号 日期：	日期：
来信人或单位		电话： 联系人：
地址：		代号：
事由：	处理期　天	附件：

拟办和处理情况：

册	页	账号			抄码	水量(m³)
表位						
装表日期：	口径	表号				

3. "信访"的分送

根据信访处理专用纸或工作单上的所注"事由",分送给相关部门,并做好签收。

1)分送的来信应包括来信原件、附件(如照片、单据等)、信封和信访处理专用纸。

2)来电、来访,只送信访处理专用纸或工作单。

3)涉及批评、检举揭发违纪的来信不得交当事人,并注意保密。

4)催办:根据各类"信访"的处理期限,进行催办。

5)销号:收到处理过的"信访"后,要进行审核。对处理符合要求、填写规范的进行销号并填写处理人,处理日期和时间,处理情况。

6)反馈处理结果:将处理的结果反馈给上级或其他部门,有的要将原件退回。

7)台账、报表:将每天收到的"信访"及处理结果,分门别类登入台账,月末填写报表。

8)信访小结:业务接待人员每月要经手大量的用户"信访",对这些"信访"要进行分析、整理,针对供水服务中的问题,提出自己的意见建议,作为改进工作的参考。

9)整理归档:对"信访"按编号顺序,按月份进行装订、保管,对申请接水、更改户名的信件要抽出长期保管。

第三节　"信访"的处理

"信访"的处理,是"信访"管理中的重要一环。处理得好既可为用户排忧解难,又可弥补供水服务工作的不足,如果处理得不好则会影响公司的声誉。

1. 做好处理前的准备

1)仔细阅读用户的来信和业务接待人员的记录,了解用户的意见、要求。

2)查阅并记录涉及的有关资料。如用户反映用水量过高或过低,则应查阅去年同期和近月的用水量。

3)查阅有关的业务规定,以便答复用户。

2. "信访"处理的方式和要求

1)处理的方式应根据"信访"的性质分别采用上门、电话、书面等方式答复用户。书面答复用户,应经领导批准,取慎重态度。

2)处理的要求

① 工作人员应做到仪表大方,举止文明,态度和离,语言规范。

② 采用上门方式处理时,应将结果直接答复来信人。

③ 核对用户反映的问题,对涉及的时间、地点、人物、数据和事情的经过做好记录。

④ 将调查处理的情况及自己的意见书写在信访专用纸的"拟办或处理情况"栏内,并签上姓名填写日期交有关领导审阅。

3. "信访"处理后的审核

由于工作人员的业务知识、工作能力、责任心参差不齐,势必影响"信访"的处理质量。为了保护用户的利益,维护公司的声誉,对一些重要"信访"必须经有关负责人审阅后,才能归档或反馈给上级部门。

第四节　新形势下"信访"工作的特点及要求

党的十八大进一步明确了建设有中国特色社会主义道路的方法和途径，使伟大的"中国梦"深入人心，激发了中国人民为实现梦想而努力奋斗的激情。在实现"中国梦"的过程中，必然要经历各种艰难险阻，坎坷不平。同时，这个时期也是一个加快改革、发展、调整、组合的时期，势必会出现大量的社会问题，社会矛盾也会随之而增多。在这种形势下，信访工作也就更加凸现其重要性。

1. 新形势下信访工作的主要特点

（1）政策性强

信访工作中反映的问题一般都具有较强的政策性。信访人反映的问题合理不合理，能否得到及时的解决，最主要的一点就是看信访人反映的问题是不是符合法规和政策要求。要在法律法规和相关政策范围内，并结合反映问题的实际情况严格进行办理，使信访人心服口服。

（2）复杂性高

新形势下信访工作的复杂性主要表现在信访渠道的多元化上。以往信访工作只限于来信、来电、来访，而随着网络技术的发展，现在社会已经进入了全民媒体的时代。电脑、手机等各种载体都可以成为信访人反映诉求的渠道，其表现形式更是以各种论坛帖子、微博、短信、微信等多元化的呈现。而所反映的问题也涉及方方面面，不仅是自己的利益表达，更多的是对供水企业的不公正的监督，使信访工作出现了前所未有的复杂局面。

（3）难度增大

首先表现在信访内容的广泛性。信访反映的问题五花八门，而信访人反映的部分问题所涉及的法律政策还不配套、不明确，给解决问题带来了难度。甚至还有许多问题是历史遗留问题，责任主体早已不清，这就使问题解决起来有困难。其次表现在信访渠道增多。目前是全民媒体时代，使信访工作更加趋于被动，一些突发的、临时性的信访事件大大增加，使监测信访案件的可预见性、可预防性受到极大的挑战。

2. 新形势下对信访工作的具体要求

（1）要坚持以人为本的原则

做好信访工作要把群众放在第一位，始终坚持以人为本的指导原则。信访人员要带着感情去接待来访人员，积极关注他们遇到的矛盾和问题。切实摒弃信访群众就是无理取闹，是"刁民"的错误观念，本着"热情接待、有情解决"的理念，以事实为依据，从信访事项的真实性出发，依法依规地为信访人员解决问题。同时要畅通信访渠道，创新听取群众诉求的形式，并切实尊重信访人的建议权、申诉权，使群众有问题能够及时反映，减少矛盾积累和越级上访。此外，要优化信访环境，做到文明接待、人性化服务，及时解决信访人反映的问题或者困难，满足信访人正当的要求与合理诉求，保障信访人的合法权益不受侵害，切实维护营造经济社会发展的和谐氛围。

（2）要紧跟社会发展形势

随着社会经济的发展，群众生活水平的提高，维权意识的不断增强，对供水企业的工作提出了更高的要求。从根本上讲，供水企业只有提供优质水、优质服务才是解决问题和矛盾的总开关。但是，目前面临的却是国内供水企业发展的极不平衡，大量的不公正现象依然存在，这就使信访工作面临更大的难度。因此，当前信访的关键就是紧跟社会发展形势，积极解决已发生的信访问题，及时化解已产生的矛盾和纠纷，满足信访人直接的合理诉求。同时针对产生问题的原因，从机制上、法律上、政策上以及思想感情上解决问题、化解矛盾，从而达到社会和谐与稳定。此外还要按照社会发展的规律，预测趋势、强化预防，立足于建立预防和解决信访问题的长效机制，使信访工作走向科学化、规范化、法制化的轨道。

（3）要强化信访队伍建设

新形势下信访工作的政治性、复杂性强，难度大的特点决定了信访队伍必须是一支政治觉悟高、工作能力强、业务素质好的工作团队。而随着当前信息技术的不断发展，给信访工作人员的业务能力带来了新的挑战。这就要求信访工作人员不但要加强自身修养、强化法律法规的学习，熟知各种政策规定，还要及时学习各种新技术、新知识、新业务，特别是信息技术的应用，才能应对各种复杂的信访案件。同时，还要切实增强解决复杂信访问题的能力，对待历史性的问题、群体上访的问题、政策性问题、上访"老户"问题、越级上访问题及非正常上访问题等系列疑难信访案件，要切实想出措施，破解困局，既维护信访人员的合理权益，又维护社会的公平正义。

信访工作是保障公民合法权益、维护社会稳定的一项重要工作，是供水企业工作的重要组成部分。做好新形势下信访工作，对于推进社会主义建设，保障社会本质上的公平与正义，保障人民群众的合法权益具有非常重大的意义。只有积极做好信访工作，才能化解矛盾，激发企业活力，为供水事业的发展创造和谐的社会环境，从而有力推进实现"中国梦"的伟大进程。

思　考　题

1. 用户信访主要有哪几种形式向供水企业反映各类问题？
2. "信访"问题分哪几类？处理期限分别如何规定？
3. "信访"业务接待岗位的服务规范有哪些要求？
4. "信访"业务接待人员的职责是什么？
5. 做好"信访"处理前的准备工作有哪些要求？
6. "信访"处理的方式和要求是什么？
7. 新形势下"信访"工作的主要特点是什么？
8. 新形势下对"信访"工作的具体要求有哪些？

第八章

服务礼仪及沟通技巧

第一节　礼仪概述

礼仪是表现对人的理解、尊重之情的手段和过程，礼貌的谈吐、得体的举止、亲善的仪表、真诚的微笑，是人与人交往最基本的德行。服务礼仪的最终目的是为用户提供优质服务，树立良好的企业形象，在时代竞争中获得独特的核心竞争力。客户服务工作是供水企业面向社会的窗口，它直接和用户交流，每名客服人员的礼仪表现、个人形象，均是供水企业在社会公众中的形象。

1. 服务礼仪的重要性

服务礼仪就是客户服务人员在工作岗位上，通过言谈、举止、行为等，对客户表示尊重和友好的行为规范和惯例。供水客服人员懂得和运用基本服务礼仪，不仅反映出该员工自身的素质，而且折射出所在供水企业的文化水平和经营管理境界，更是提高行业经济效益、提升客户满意度的必备利器。

服务礼仪是一种与用户交往过程中所应具有的相互尊重、亲善和友好的行为规范和艺术，是"以客为尊、以人为本"理念的具体体现，也是供水优质服务的重要组成部分。目前，随着我国国民经济的快速发展和供水城乡一体化的持续推进，供水用户数呈全面快速增长的态势，供水服务质量的要求也不断提高。

对广大供水客户服务人员来讲，规范、优雅的服务礼仪能够展示供水员工的外在美和内在修养，能够更容易拉近与用户的距离，提高用户的满意度和忠诚度，提升供水企业形象，实现优质服务品牌的增值。

每名客服人员的言谈举止，和企业的生存与发展都有着必然的联系。它对提高服务质量，增强企业竞争力有很重要的作用。在为用户解决实际问题的同时，我们微笑待客，语气和蔼亲切，耐心解释，即使问题没有得到解决，用户也能心悦诚服地接受，满意而归，给用户留下很好的印象，让用户得到心理上的满足。用良好的礼仪巧妙的处理与旅客的关系，能够减少冲突，缓和气氛，软化矛盾，有利于解决问题。可见良好的礼仪是提高服务质量必不可少的条件。客服人员都要以良好的礼仪形象出现在旅客面前，形成一个企业整体的形象，展示并塑造供水行业在社会上的形象。每个为客户服务的人员都是供水企业的"代言人"，他的礼仪和服务体现了企业的经营管理水平。客服人员良好的礼仪和优质的服务能够为行业赢得声誉、赢得市场、赢得效益。孔子说："不学礼，无以立"，就是这个道理。

2. 仪容仪表

客户服务人员仪容仪表应大方得体、整齐清洁、充满活力，符合工作需要，不允许外表邋遢、精神不振、面无表情。具体要求如下：

（1）发型

头发要经常梳洗，整齐卫生，色泽自然，切勿标新立异，男士前发不过眉，侧发不盖耳，后发不触后衣领，女士发长不过肩，如留长发需束起或使用发髻，避免张扬散乱。

（2）面容

保持身体、面部、手部干净卫生，男士每日刮剃胡须，不允许胡须拉碴，女士上班可化淡妆，不允许浓妆艳抹，不允许留长指甲及涂有色指甲油。

（3）衣物

1）工作时间内着本岗位规定制服，非因工作需要，外出时不得穿着制服。制服应干净、平整，不允许有明显污迹、破损。

2）制服外不得显露个人物品，衣、裤口袋整理平整，勿明显鼓起。

3）西装制服按规范扣好纽扣，衬衣领、袖整洁，扣好纽扣，不允许敞开外衣、卷起衣袖。

4）裤子要熨烫平直，长及鞋面，不允许卷起裤腿。

5）着深色皮鞋，以黑色为宜，鞋面保持清洁，不允许有明显破损或污迹，禁止穿拖鞋、凉鞋、运动鞋。

6）男士领带平整端正，长度盖过皮带扣；女士领花平整，紧贴衣领，不允许佩戴夸张的首饰或饰物。

7）工作牌佩戴带左胸显眼处，挂绳式应正面向上挂在胸前，保持清洁、端正。

3. 言行举止

为客户提供服务时，应礼貌、谦和、热情。接待客户时，应面带微笑，目光专注，做到来有迎声、问有答声、去有送声。与客户会话时，应亲切、诚恳，有问必答。

（1）站姿

以站姿工作的客服人员应保持精神饱满，抬头、挺胸、收腹，两腿直立，男士两脚自然合拢或分开与肩同宽，两手可自然下垂也可交叉置于前腹或背后；女士双脚并拢，两眼平视前方，两手可自然下垂或交叉置于前腹，面带微笑。不允许双手交叉抱胸或双手插兜、外头驼背、依靠墙壁、东倒西歪、手里拿与工作不相干的物品。

（2）坐姿

以坐姿工作的客服人员应自然端正，保持挺立姿势，男士两腿自然并拢或分开与肩同宽，女士脚后跟和膝盖并拢，手势自然。不允许盘腿、脱鞋、头上扬或下垂、背前俯后仰、架二郎腿、趴在台面上或双手撑头。

（3）行姿

行走中应提胸、收腹、肩平、抬头平视前方，两臂自然前后摆动，步伐轻快，不得奔跑。行走时应注意靠右行走，不与用户抢道而行，引导用户时，让用户在自己的右侧，迎客走在前，送客走在后。

（4）递接

尽可能双手递接物品，身体前倾，拿住资料上方两角，将资料正对用户。需要签字的，应将笔套打开，笔尖朝向自己，左手递笔，右手递单。

（5）指引

掌心向上，四指并拢，拇指弯曲紧贴手掌，指尖朝向所指方向，以肘关节为轴，由内向外划出。上不过肩，下不过腰，引路时，位于被领者前方两三步处，侧身45度。

第二节　沟通技巧

沟通，是人类社会的重要交流方式，无论是日常生活还是工作学习，我们都需要与别人进行沟通。据统计，客户服人员每天要将70％～80％的时间花费在与客户的沟通上。

1. 倾听技巧

一名优秀的客户服务人员，要善于倾听。他要倾听客户的需求、要求和期望，要倾听客户的异议、抱怨和投诉，还要善于听出客户没有表达出来的意思——没说出来的需求。

（1）倾听有三个步骤

步骤一：准备

时刻保持"战斗的姿态"，把自己的心情调到最平和的状态，随时应对客户的咨询和投诉，时刻准备化解客户的不满情绪，准备好工作用品，包括记事本和笔或录音工具，随时记录重要的信息。

步骤二：记录

俗语说："好记性不如烂笔头"。作为一线的客户人员每天要面临许多的客户，每一位客户的要求都不尽相同，记录你与客户之间的谈话重点是防止遗忘的最安全的方法，同时还有方便核对的好处，可核对你听到的与客户的要求是否有差异。

步骤三：理解

理解的意义不仅在于理解客户的需求，更重要的是理解其心理，以及提出投诉的不满情绪。对不清楚的地方，以具体的、量化的方式向客户确认谈话的内容，直到询问清楚为止。

对于步骤一和步骤二，我们在日常工作中已经养成习惯去认真执行，而重点在步骤三上，这直接影响到客户对我们的服务是否满意。

（2）如何更好地倾听用户，要做到以下几点

1）要体察客户的感觉，站在客户的立场去理解。一个人感觉到的往往比他的思想更能引导他的行为，体察感觉，意思就是指换位思考，设身处地为客户考虑，将客户的话和背后的情感复述出来，表示接受并了解他的感觉，有时会产生相当好的效果。

2）要注意及时反馈。在倾听客户的发言时尽量不要打断客户的表述，但也要注意信息反馈，及时查证自己是否了解对方表达的意思。不妨这样表达："不知我是否明白您的话，您的意思是…"一旦确定了你对他的了解，就要提供积极实际的帮助和建议。

3）要善于抓住主要意思，不要被个别枝节所吸引。善于倾听的人总是注意分析哪些内容是主要的，哪些是次要的，以便抓住事实背后的主要意思，避免造成误解。

2. 表达技巧

据调查分析，从交谈中获取的信息，视觉占 55%，声音占 38%，语言占 7%。由此看来，客户更在乎你怎么说，而不是你说什么。客户服务人员的规范用语和沟通技巧对提升企业形象和客户满意度，具有重大意义。

首先，客户服务人员语言表达应亲切、自然、朴实、大方，正确掌握语调中语速、音量、音调的运用，应做到以下四点：

（1）态度积极

一个温和、友好、坦诚的声音能使对方放松，增加信任感，降低心理屏障。热情的展现通常和笑容联在一起，微笑服务，热情自信，往往能够达到更好的沟通效果。

（2）吐字清晰

发音标准，字正腔圆，没有乡音或杂音，不能准确咬字常会导致客户错误理解。应多听广播，平时多说普通话，勤加练习。

（3）音量标准

注意适当调节适合场合的音量，音量太弱会令人觉得客服人员缺乏信心，从而导致客户不重视与其的交谈，甚至听不清所表达的意思，产生误会；当然声音太大或太强会让客户产生防备心理，甚至质疑服务态度。

（4）语速适中

太快易让客户听不明白，会感觉你在敷衍他，太慢会使客户分散注意力，而且也浪费了双方的时间。语速掌握中应注意"匹配"，即对快语速的客户或慢语速的客户都试图接近他们的语速。

客户服务人员要使用适当的语言表达，避免出现"我不知道"、"那不是我的工作范围"、"那你投诉吧"之类的服务禁忌用语。

习惯用语与专业表达对照表　　　　　　　　　　　　　　　　　　　表 8-1

习惯用语	专业表达
-你找谁？	-请问您找哪位？
-有什么事？	-请问您有什么需要帮忙的吗？
-你是谁？	-请问怎么称呼您？
-如果你需要我得帮助，你必须……	-我愿意帮助你，但首先我需要……
-你找他有什么事情	-请问有什么可以转告的吗？
-不知道/我怎么会知道	-对不起，暂时还没有相关的信息
-没这回事，不可能的/没有这种可能，	-对不起，也许需要向您澄清下……
我们从来没有……	-您的要求我已经记录清楚了，我们会在最短的时间跟
-知道了，不要再讲了	您联系。请问，您还有什么其他要求？
-我只能这样，我没办法	-对不起，也许我真的帮不上您
-干不了	-很抱歉，该项业务暂时还未开通
-这是公司的政策	-根据多数人的情况，我们公司目前是这样规定的……

第三节 服 务 规 范

一名客服人员是否合格，核心就是对客户的态度如何。在工作过程中，应保持热情诚恳的工作态度，在做好解释工作的同时，要语气缓和，不骄不躁，如遇到客户不懂或很难解释的问题时，要保持耐心，一遍不行再来一遍，直到客户满意为止，始终信守"把微笑融入声音，把真诚带给客户"的诺言。

1. 热线服务人员

为向客户提供准确、高效、标准的优质服务，热线服务人员应规范用语，展示企业形象。

1) 为客户提供 24 小时不间断服务。

2) 与客户谈话时咬字清晰、语调温柔、饱含真情。

3) 答复客户咨询、投诉，向客户介绍、宣传业务时，应使用简单明了、通俗易懂的语言，耐心解释、说明，指导客户办理业务。

4) 不能无故打断客户的话，要让客户将问题说完后再提问或答复。

5) 遇客户询问到不懂或不熟悉的业务时，坐席代表不得不懂装懂，不得推诿、搪塞客户，应婉言向客户解释并询问相关人员再作解答。必要时可请相关人员代答或记录下来查证后再回复客户。

6) 工作中出现差错时应主动向客户致歉并立即纠正，不得强词夺理，要诚恳接受客户的批评。

7) 在受理电话过程中，适时地使用"×先生"或"×小姐"的称谓；恰当地使用"请问"、"不客气"、"谢谢您"……等礼貌用语与客户交流。

8) 在与客户通话过程中，禁止使用服务忌语，做到有理也要让三分。

9) 坐席代表在记录客户投诉或意见/建议内容时，应边记录边复述，以便让客户确认。

10) 服务忌语

① 对客户直呼：喂、嘿；

② 责问、训斥或诘问客户：

a. 你怎么/为什么…?!

b. 你不要/能…?!

c. 什么/你说什么?

③ 态度傲慢、厌烦：

a. 不行就是不行，这是规定。

b. 你问我，我问谁?

c. 我就这样的态度。

d. 没法查，我没办法。

e. 有意见找领导去，要告就告去!

f. 用不起就别用!

g. 你有什么了不起?

h. 您到底想怎么样?

I. 你到底在说什么?

④ 推诿客户:

a. 我不清楚,我不知道,你找××地方问。

b. 不关我的事。

c. 不是我们的错。

d. 这是规定,我也没办法。

2. 窗口服务人员

营业人员必须准点上岗,做好营业前的各项准备工作,与客户交流语言要措辞简洁,清晰易懂,多使用服务礼貌用语,接待和服务客户时,要热情亲和并展示真诚自然的微笑,表示对客户的友好。

1) 实行首问负责制。无论办理业务是否对口,接待人员都要认真倾听,热心引导,快速衔接,并为客户提供准确的联系人、联系电话和地址。

2) 实行限时办结制。办理居民客户收费业务的时间一般每件不超过 5 分钟,办理客户用水业务的时间一般每件不超过 20 分钟。

3) 受理用水业务时,应主动向客户说明该项业务需客户提供的相关资料、办理的基本流程、相关的收费项目和标准,并提供业务咨询和投诉电话号码。

4) 客户填写业务登记表时,营业人员应给予热情的指导和帮助,并认真审核,如发现填写有误,应及时向客户指出。

5) 客户递送过来的凭证和单据等物品,要双手接过,业务办理完毕配合语言:"请核对,请收好,您还有需要办理什么业务吗?我可以一并帮您办理,请慢走,欢迎下次光临。"

6) 客户来办理业务时,应主动接待,客户临近台席时,微笑目视客户,并使用服务用语:"您好! 请坐,请问您办理什么业务?"不因遇见熟人或接听电话而怠慢客户。如前一位客户业务办理时间过长,应礼貌地向下一位客户致歉。

7) 因计算机系统出现故障而影响业务办理时,若短时间内可以恢复,应请客户稍后并致歉;若需较长时间才能恢复,除向客户说明情况并道歉外,应请客户留下联系电话,以便另约服务时间。

8) 当有特殊情况必须暂时停办业务时,应列示"暂停营业"标牌。

9) 临下班时,对于正在处理中的业务应照常办理完毕后方可下班。下班时如仍有等候办理业务的客户,应继续办理。

10) 对业务受理中的疑难问题及时上报上级领导,进行协调处理。

3. 现场服务人员

现场人员在入室服务之前,需与用户协调上门服务时间,提前预约,准时到达。

1) 上门服务必须穿戴公司统一的服饰,佩戴公司身份牌,时刻保持制服的整洁。

2) 到达用户家后,先按门铃一下或轻敲门三下(声音适中),若没有应答,等待 10 秒后再次按门铃或敲门。按完门铃或敲完门后,应站在离门约 60cm 远的地方。

3) 除特殊情况外,不应大力敲打或撞击用户门窗,确定无人时在门上留抄表通知单。

4) 用户开门后先说问候语:"您好",并主动出示证件、表明身份。

5）上门服务时应自带鞋套，进入房间前穿好，以免将鞋底脏污带入房间。

6）服务人员在维修安装过程中应使用礼貌用语与用户沟通，动作轻巧，切忌大声喧哗。注意轻拿轻放维修工具，不要有意或无意毁坏屋中摆设。

7）未经用户许可不得在沙发上就座，不乱翻乱摸用户家中物品，不拿用户一针一线，不吃喝业主一茶一点。

8）如果在服务过程中可能产生其他附加费用，需要提前与用户沟通协调，不要等到完工后再告知用户。同时，收取费用需要依据定价，不能无根据地漫天要价，并且在收取费用后为付费人开具正规的收据或发票。

9）尽量在工作区域铺开干净的垫布，以防维修安装时产生的碎屑、灰尘污染房间。并且在完工后，尽量帮住户清理现场。

10）离开时主动道别或表示谢意，并替客户轻轻关好门。

4. 网上服务人员

人工智能的新时代，越来越多的供水企业为方便客户咨询联络，开通了网络接待功能，使客户可以通过网络在线交流，快捷又方便。不管是微信，还是 QQ 或是其他在线方式，对接待者的基本要求都是一样的。

1）工作时间保持在线状态。

2）可以改名称的在线咨询工具，都应改成单位的标准名称或标准化简称，以便客户识别，不用个性化昵称。

3）以"您好，很高兴为您服务！"开始，以"谢谢您的咨询！"结束。

4）始终以"您"来称呼，内容确认后再"发送"。中途必须暂时离开或需要了解情况再回复时，先告知咨询者。

5）知道对方姓氏后，以姓氏相称呼。不知道的可以主动礼貌询问。

6）职权外的事宜，不擅自作主回答。不清楚的事宜，不随便回答或不直接说"不知道"，而是做了解后解答，或者告诉咨询者可以解决此问题的具体部门电话。

7）对于不熟悉的事项，不可以贸然回复，更不能以"或许""我猜""说不定"这样模棱两可的话来应付咨询者。可以请咨询者稍等，确认后回复；条件允许的，可以提供相关部门电话，请咨询者电话咨询。

8）网络沟通中，也同样要有同理心，比如当客户表达出着急，可以用"是挺让人着急的"或安抚客户情绪"您先别着急"等措辞来表达，而非视而不见、充耳不闻。

9）在线咨询接待，重点是"听"，听情况、听缘由、听需求……但当咨询者说得多，却没重点时，应该以自己专业的知识和经验来引导咨询者说出你需要的信息，而不是简单打断。

10）在线咨询，是为方便解决一些基本事项，所以详细的情况，重要的事，有时还是需要请客户来单位当面详细了解或办理。

11）同时接待多位网络咨询者，应根据重要性、先后顺序、紧急程度来做先后回复的依据。同时对晚回复者表达歉意。

12）对于使用频率很高的内容，比如地址、电话、办事流程、注意事项，以及其他常用的解答内容，可以创建快捷方式；或者应该整理出一个文档，需要的时候以复制粘贴的形式发给咨询者，这样既高效又避免出错。

思 考 题

1. 简述服务礼仪在供水行业中的重要性？
2. 客户服务人员仪容仪表在衣物着装方面有哪些要求？
3. 客户服务人员仪容仪表在行为举止方面有哪些要求？
4. 什么是"沟通"？
5. 简述倾听技巧三个步骤的具体要求是什么？
6. 客户服务人员如何更好地倾听用户，要做到哪几点？
7. 客户服务人员在表达技巧方面要做到哪几点？
8. 热线服务人员服务规范有哪些要求？
9. 窗口服务人员服务规范有哪些要求？
10. 现场服务人员服务规范有哪些要求？
11. 网上服务人员服务规范有哪些要求？

第九章

信息公开

第一节　信息公开必要性

信息公开是指国家行政机关和法律、法规以及规章授权和委托的组织，在行使国家行政管理职权的过程中，通过法定形式和程序，主动将政府信息向社会公众或依申请而向特定的个人或组织公开的制度。

1.《中华人民共和国政府信息公开条例》概述

《中华人民共和国政府信息公开条例》（以下简称《条例》）于 2007 年 1 月 17 日国务院第 165 次常务会议通过，自 2008 年 5 月 1 日起施行。

《条例》共计五章三十八条，从基本原则、公开的范围、公开的方式和程序、监督和保障等方面进行明确的规定，是我国政府信息公开的基本法规，是一部政府加强自身建设的重要法律制度，其推进了社会主义民主法制建设，加强了对行政权力的监督，更加有效地防治了腐败。按照"公开为原则，不公开为例外"的基本要求，大力推行政务公开工作。电子政务是信息公开的重要载体。按照"统筹规划、资源共享、面向公众、保障安全"的要求，在加强电子政务建设的同时，构建网上信息公开平台。

《条例》实施的目的是为了保障公民、法人和其他组织依法获取政府信息，提高政府工作的透明度，促进依法行政，充分发挥政府信息对人民群众生产、生活和经济社会活动的服务作用。

国家行政机关在履行职责过程中制作或者获取的，以一定形式记录、保存的不危及国家安全、公共安全、经济安全和社会稳定以及不公开涉及国家秘密、商业秘密、个人隐私的政府信息，应当及时、准确地进行公开。国务院办公厅是全国政府信息公开工作的主管部门，负责推进、指导、协调、监督全国的政府信息公开工作，各级人民政府应当加强对政府信息公开工作的组织领导，建立健全政府信息公开工作制度，遵循公正、公平、便民的原则。发现影响或者可能影响社会稳定、扰乱社会管理秩序的虚假或者不完整信息的，应当在其职责范围内发布准确的政府信息予以澄清。

信息公开范围主要指涉及公民、法人或者其他组织切身利益的；需要社会公众广泛知晓或者参与的；反映本行政机关机构设置、职能、办事程序等情况的；其他依照法律、法规和国家有关规定应当主动公开的。

政府信息公开方式通过政府公报、政府网站、新闻发布会以及报刊、广播、电视等便于公众知晓的方式公开。各级人民政府应当在国家档案馆、公共图书馆设置政府信息查阅场所，并配备相应的设施、设备，为公民、法人或者其他组织获取政府信息提供便利。行政机关可以根据需要设立公共查阅室、资料索取点、信息公告栏、电子信息屏等场所、设施，公开政府信息。

政府信息公开分为主动公开和依申请公开。

政府信息公开指南和政府信息公开目录属于主动公开范围，应当包括政府信息的分类、编排体系、获取方式，政府信息公开工作机构的名称、办公地址、办公时间、联系电话、传真号码、电子邮箱以及政府信息的索引、名称、内容概述、生成日期等内容。主动公开的信息应当自该政府信息形成或者变更之日起 20 个工作日内予以公开，法律、法规对政府信息公开的期限另有规定的，从其规定。

依申请公开是指公民、法人或者其他组织可以根据自身生产、生活、科研等特殊需要，向国务院部门、地方各级人民政府及县级以上地方人民政府部门申请获取相关政府信息。申请方应当采用书面形式（包括数据电文形式），书面申请内容应当包括申请人的姓名或者名称、联系方式；申请公开的政府信息的内容描述；申请公开的政府信息的形式要求。行政机关收到政府信息公开申请，能够当场答复的，应当场予以答复。不能当场答复的，应当自收到申请之日起 15 个工作日内予以答复；如需延长答复期限的，应当经政府信息公开工作机构负责人同意，并告知申请人，延长答复的期限最长不得超过 15 个工作日。如不能公开的，应当说明理由。行政机关依申请提供政府信息，除可以收取检索、复制、邮寄等成本费用外，不得收取其他费用。

各级人民政府应当建立健全政府信息公开工作考核制度、社会评议制度和责任追究制度，定期对政府信息公开工作进行考核、评议。政府信息公开工作主管部门和监察机关负责对行政机关政府信息公开的实施情况进行监督检查。公民、法人或者其他组织认为行政机关不依法履行政府信息公开义务的，可以向上级行政机关、监察机关或者政府信息公开工作主管部门举报。收到举报的机关应当予以调查处理。公民、法人或者其他组织认为行政机关在政府信息公开工作中的具体行政行为侵犯其合法权益的，可以依法申请行政复议或者提起行政诉讼。行政机关违反本条例的规定，由监察机关、上一级行政机关责令改正；情节严重的，对行政机关直接负责的主管人员和其他直接责任人员依法给予处分；构成犯罪的，依法追究刑事责任。

此外，《条例》第 37 条明确规定教育、医疗卫生、计划生育、供水、供电、供气、供热、环保、公共交通等与人民群众利益密切相关的公共企事业单位在提供社会公共服务过程中制作、获取的信息的公开，参照本条例执行，具体办法由国务院有关主管部门或者机构制定。

2. 公共企事业单位信息公开的必要性

公共企事业单位由于具有私主体的行为性质，而又属于公共主体，行使部分公共职能，若公共企事业单位以公权力实施私主体的行政行为，公民即受到公权力的压制，又不能获得私主体的平等地位，对公民的权利侵害是不可避免的。政府机构信息公开的法律依据是《中华人民共和国政府信息公开条例》，对于公共企事业单位的信息公开已在《条例》第三十七条中被明确规定，教育、医疗卫生、计划生育、供水、供电、供气、供热、环保、公共交通等与人民群众利益密切相关的公共企事业单位在提供社会公共服务过程中制作、获取的信息的公开，参照本条例执行，具体办法由国务院有关主管部门或者机构制定。

公共企事业单位的法律人格不同于以自身营利为目的的单纯民事法人，它是以非权力性方式承担（广义）行政活动的主体。该类主体与行政机关主体的区别在于，它只不过是属于分担另一类行政活动的实质意义上的"行政机关"而已，从政府信息公开法律体系的角度看，属于"主体类同"范畴。一方面，该类单位承担的任务与行政机关所承担的行政任务具有共性，均非以自身营利为目的，而是对外的，具有实现公共利益的性质。另一方面，该类单位所承担的任务与行政机关所承担的行政任务又有不同之处，该任务无法由《条例》的前 36 条构成的内容所包含，其实现公共利益的方式非行政组织法上所指的一般行政机关所能行使。

"与人民群众利益密切相关"的语句，说明上述公共企事业单位做出的公共活动，是具有外部性的活动，即该类活动不能仅停留在企事业单位自身内部的经营活动范围之内，排除了内部单位管理性质的活动，而将这类活动与其服务对象之间的联系表现出来。因此，第 37 条所规范的事项，应该是属于公共企事业单位对外的，与服务的社会有接触方面的事项。"密切相关"，可以理解为该企事业单位的各项工作和任务中直接服务于外部社会的部分。

"提供社会服务"是指该条列举的"教育、医疗卫生、计划生育、供水、供电、供气、供热、环保、公共交通等"事项。"过程中"意味着信息不仅仅局限于表现为显示于外部的最后一个环节，而是与此活动或行为相关的整个过程所涉及的信息都纳入该条的规范范围。

公共企事业单位直接与人民群众生产、生活密切相关，为了有利于更好地保障广大人民群众获取和利用社会公共信息的合法权益，同时考虑到公共企事业单位虽不是行政机关，但其主体性质具有公共性，承担一部分公共职能，所以《条例》特别指出公共企事业单位应当参照执行，将公共企事业单位信息公开纳入行政范畴。

第二节　供水企业信息公开的依据

为落实《中华人民共和国政府信息公开条例》和《国务院办公厅关于施行〈中华人民共和国政府信息公开条例〉若干问题的意见》（国办发〔2008〕36 号）的要求，指导供水、供气、供热等公用事业单位信息公开工作，住房和城乡建设部制定了《供水、供气、供热等公用事业单位信息公开实施办法》（建城〔2008〕213 号），并于 2008 年 11 月 12 日发布。

第一条　为了规范供水、供气、供热等公用事业单位（企业）信息公开（以下简称信息公开）工作，保障公民、法人和其他组织依法获取与自身利益密切相关的信息，根据《中华人民共和国政府信息公开条例》等规定，结合供水、供气、供热等行业特点，制订本办法。

第二条　本办法所称信息，是指供水、供气、供热等公用事业单位（企业）在提供社会公共服务过程中制作、获取的，以一定形式记录、保存的信息。

第三条　住房和城乡建设部负责全国供水、供气、供热等公用事业单位（企业）信息公开的监督管理工作。

县级以上地方各级人民政府供水、供气、供热等主管部门负责本行政区域内的供水、供气、供热等公用事业单位（企业）信息公开的监督管理工作。

第四条　供水、供气、供热等公用事业单位（企业）（以下简称公用事业单位）是信息公开的实施主体，承办本单位具体的信息公开工作。

第五条　信息公开工作应当遵循准确、及时、公正、公平和便民的原则。

除涉及国家秘密以及依法受到保护的商业秘密、个人隐私等事项外，凡在提供社会公共服务过程中与人民群众利益密切相关信息，均应当予以公开。

第六条　信息公开依照国家有关规定需要批准的，未经批准不得发布。

公用事业单位公开信息不得危及国家安全、公共安全、经济安全和社会稳定。

第七条　公用事业单位对符合下列基本要求之一的信息应主动公开：

（1）涉及用水、用气、用热等群众切身利益的；

（2）需要社会公众广泛知晓或者参加的；

（3）反映公用事业单位机构设置、职能、办事程序等情况的；

（4）其他依照法律、法规、规章和有关规定应当主动公开的。

第八条　公用事业单位应当依照本办法第七条的规定，在各自职责范围内确定主动公开的信息目录、信息公开指南和信息公开具体内容，并重点公开下列信息：

（1）企业概况：

主要包括：企业简介，企业领导简介，企业组织机构设置及职能等。

（2）服务信息：

1）供水行业

① 供水销售价格，维修及相关服务价格标准，有关收费依据；

② 供水申请报装工作程序；

③ 供水缴费、维修及相关服务办理程序、时间、网点设置、服务标准及承诺；

④ 停水及恢复供水信息、巡检及查表信息；

⑤ 供水水质信息及供水设施安全使用常识和安全提示；

⑥ 咨询服务电话、报修和救援电话、监督投诉电话。

2）供气行业

① 燃气销售价格，维修及相关服务价格标准，有关收费依据；

② 供气申请报装工作程序；

③ 燃气缴费、维修及相关服务办理程序、时间、网点设置、服务标准及承诺；

④ 停气及恢复供气信息、巡检及查表信息；

⑤ 燃气及燃气设施安全使用规定、常识和安全提示；

⑥ 咨询服务电话、报修和救援电话、监督投诉电话。

3）供热行业

① 热力销售价格，维修及相关服务价格标准，有关收费依据；

② 供热申请报装工作程序；

③ 法定供热时间，供热收费的起止日期；

④ 供热缴费、维修及相关服务办理程序、时间、网点设置、服务标准及承诺；

⑤ 停热及恢复供热信息、巡检及查表信息；

⑥ 供热及供热设施安全使用规定、常识和安全提示；

⑦ 咨询服务电话、报修和救援电话、监督投诉电话。

（3）与供水、供气、供热服务有关的规定、标准。

第九条　除本办法第七条、第八条规定的公用事业单位主动公开的信息外，公民、法人或者其他组织还可以根据与自身利益直接相关的生产、生活、科研等特殊需要，向公用事业单位申请获取相关信息，公用事业单位应当依据有关规定确定是否提供相关信息并给予答复，并可以要求申请人提供有关证明其特殊需要的材料。

第十条　公用事业单位应当建立健全信息发布保密审查机制，明确审查的程序和责任，应当依照《中华人民共和国保守国家秘密法》以及有关规定对拟公开的信息进行保密审查和管理。

公用事业单位不得公开涉及国家秘密、商业秘密、个人隐私及有可能影响公共安全和利益的信息。对非涉密或非公共安全等敏感信息，经权利人同意公开或者不公开可能对公共利益造成重大影响的，可以予以公开。

第十一条　公用事业单位应当将主动公开的信息，通过企业网站、公开栏、办事大厅、电子显示屏、便民资料、新闻媒体、信息发布会、咨询会、论证会等一种或多种便于公众知晓的形式公开。

发生停水、停气、停热等紧急情况时，应当将有关信息及时在用户所在地公开。

第十二条　属于主动公开范围的信息，应当自该信息形成或者变更之日起20个工作日内予以公开。紧急信息应当即时公开，法律、法规和有关规定对信息公开的期限另有规定的，从其规定。

第十三条　公用事业行政主管部门应当加强对公用事业单位信息公开的指导，规范信息公开行为。对信息公开情况开展评议考核和监督检查。

第十四条　公民、法人或者其他组织认为公用事业单位不依法履行信息公开义务的，可以向其行业主管部门举报。收到举报的机关应当予以调查处理。

第十五条　公民、法人或者其他组织认为公用事业单位在信息公开工作中的行为侵犯其合法权益的，可以依法投诉、控告和检举，或依法向人民法院提起诉讼。

第十六条　公用事业单位违反本办法的规定，未建立健全信息发布保密审查机制的，由其行业行政主管部门责令改正；情节严重的，对单位主要负责人依法给予处罚。

第十七条　公用事业单位违反本办法的规定，有下列情形之一的，由行业行政主管部门责令改正；情节严重的，对单位直接负责的主管人员和其他直接责任人员依法给予处罚；构成犯罪的，依法追究刑事责任：

（1）不依法履行信息公开义务的；

（2）不及时更新公开的信息内容的；

（3）违反规定收取费用的；

（4）公开不应当公开的信息的；

（5）违反本办法规定的其他行为。

第三节　供水企业信息公开的范围和形式

根据《中华人民共和国政府信息公开条例》和《供水、供气、供热等公用事业单位信息公开实施办法》等有关法律条例，为了提高供水企业工作透明度，充分发挥供水企业信息公开对人民群众生产生活和经济社会活动的服务作用，切实保障广大用户的知情权、参与权、监督权，供水企业在对外提供社会公共服务过程中的信息需公开。

1. 供水企业信息公开的范围

1）供水企业基本情况。企业性质、办公地址、营业场所、内部组织机构、联系方式等；

2）办理用水业务的程序及时限。各类用户办理新装、增容与变更用水性质等用水业务的程序、时限要求等；

3）水价和收费标准。供水企业向各类用户计收水费时执行的水价标准以及供水企业向用户提供有偿服务时收费的项目、标准和依据等；

4）水质情况。供水企业执行的水质标准以及供水水质、水压情况等；

5）停水有关信息。由于工程施工、供水设施维修等原因需要暂停供水或者降压供水的，提前二十四小时发布停水信息，因发生灾害或突发性事件造成停止供水的，在抢修的同时应及时对外发布信息；

6）供水服务所执行的法律法规以及供水企业制定的涉及用户利益的有关管理制度和技术标准；

7）供水服务承诺以及投诉电话；

8）其他需要主动公开的信息。

2. 供水企业信息公开的形式

供水企业应当建立健全信息发布保密审查机制，明确审查的责任和程序，依照《中华人民共和国保守国家秘密法》以及有关规定对拟公开的信息进行保密审查和管理。公开的形式分为主动公开和依申请公开。

（1）主动公开

供水企业应当将主动公开的信息，通过企业网站、营业厅、公开栏、电子显示屏、便民资料手册、信息发布会、新闻媒体等多种便于公众知晓的方式公开。

主动公开的信息，将尽量在信息形成或者变更之日起 20 个工作日内予以公开。

（2）依申请公开

公民、法人和其他组织根据自身生产、生活、科研等特殊需要，查询未列入主动公开范围的信息，但不属于国家秘密、商业秘密、法律、法规规定不得公开发布的其他信息，可以向供水企业申请获取。供水企业依申请提供信息时，根据掌握该信息的实际状态进行提供，不对信息进行加工、统计、研究、分析或者其他处理。具体办理程序如下：

1）提出申请

提出申请的公民、法人和其他组织，须填写相关申请资料，内容应当包括申请人的名称、身份证明及联系方式，申请公开的内容，申请公开内容的用途。主要通过现场申请、书面申请、网上申请三种形式。

① 现场申请。申请人可以到供水企业信息公开受理点申请，并填写相关申请资料。书写有困难的，申请人可以口头提出，由信息公开受理点工作人员代写。

② 书面申请。申请人填写相关资料后，可以通过传真、信函方式提出申请，通过信函方式申请的，应在信封左下角注明"信息公开申请"字样。申请人如申请获取与自身相关的信息，应当持有效身份证件，当面提交书面申请。

③ 网上申请。申请人可在供水企业网站下载并填写电子版申请资料，通过电子邮件方式发送至受理机构的电子邮箱。

2）申请处理

供水企业收到申请后，应当及时登记，并作出相应处理：

① 收到申请后，应从形式上对申请进行审查。对于申请资料填写不完整或未提供有效身份证明的申请，要求补充或更正。申请内容不明确的，应当告知申请人作出更改、补充。

② 供水企业认为申请获取的信息涉及商业秘密、个人隐私，公开后可能损害第三方合法权益的，应当书面征求第三方的意见；第三方不同意公开的，不得公开。

③ 申请获取的信息如涉及评奖、项目评审、项目决策中的过程信息及其他依法免予公开的政府信息，不予公开。

3）办理期限

受理申请后，对于能够当场答复的，应当当场予以答复。不能当场答复的，应当自收到申请之日起 15 个工作日内予以答复；如需延长答复期限的，应当经信息公开工作机构负责人同意，并告知申请人。延长答复的期限最长不得超过 15 个工作日。如不能公开的，应当说明理由。

4）申请费用

除收取检索、复制、邮寄等成本费用外，不再收取其他费用。

思 考 题

1. 信息公开的法律依据是什么？
2. 《条例》第三十七如何规定？
3. 公用事业单位信息公开的依据是什么？
4. 公用事业单位哪些信息应主动公开？
5. 供水企业信息公开的范围有哪些？
6. 信息公开的形式有哪两种？
7. 依申请公开办理程序有哪些？

第十章

舆情处置

第一节　新媒体时代网络舆情

1. 网络舆情的概念

网络舆情是指网民在互联网上对社会问题具有不同看法的网络舆论，是社会舆论的一种表现形式，是通过互联网传播的公众对现实生活中某些热点、焦点问题所持的有较强影响力、倾向性的言论和观点。简而言之，网络舆情就是网民对某一社会问题或事件所产生的，具有一定影响力的言论、观点、态度和情绪的总和。

从这个简单的定义来看，我们可以明确以下几点：

1）网络舆情的主体是网民，这个很好理解，没有网民便没人能发表言论和观点，我们也无从知道其态度和情绪；

2）没有网络就不可能产生网络舆情。这些言论、观点、态度和情绪必须通过网络途径传播；

3）这些言论、观点和态度具有一定的倾向性，可以简单理解为，网民对社会热点问题和焦点问题有一定的判断，比如，对舆情好坏的判断，通过网络舆情，我们可以大致了解网民的言论、观点及态度和情绪。

2. 网络舆情的重要意义

我们必须正确面对网络舆情。有人害怕网络，视网络舆情为"洪水猛兽"，其实大可不必。首先，网络舆情是我们通过舆情信息了解社情民意的重要窗口。虽然网络舆情不一定能完全真实地反映出民情民意，但是我们可以通过网络了解网民的真实想法，是顺畅民意诉求的一个非常重要的平台，对于缓解和化解社会矛盾有一定的积极作用。其次，网络舆情是用户对企业工作进行监督的有效手段。它能促进企业公开、透明、公正地解决社会问题，对于提升用户满意度，提升企业形象有着不可替代的作用。正确认识了网络舆情的作用，我们才能以正确、积极的态度来对待网络舆情、开展应对与处置工作。

有网络就会有网络舆情，有舆情就需要我们正确引导。网络舆情的应对与处置是企业的一项基本工作，也是客户服务的一门必修课。网络舆情的应对处置体现着企业的办事效率和服务理念。恰当而及时地处理网络舆情，能最大限度消除不利影响，提升企业形象，否则反之。

第二节　城市供水网络舆情兴起的背景

网络舆情是以网络为载体，以事件为核心，广大网民情感、态度、意见、观点的表达、传播与互动，以及后续影响力的集合。网络舆情表达快捷、信息多元，方式互动。网络的开放性和虚拟性，决定了网络舆情具有直接性、随意性和多元化、突发性、隐蔽性、偏差性等特点。

1. 互联网的迅猛发展带来新挑战

互联网时代信息传播方式的广度、速度、深度，都是过去任何一个时代无法比拟的，想在互联网时代封锁消息几无可能。网络媒体、手机短信、即时聊天工具、博客、论坛等新型传播形式在影响社会舆论方面产生了巨大冲击，传统的"内紧外松"的宣传策略基本失效，这点从各地的水价调整上就能得到印证。

2. 政务信息趋于公开透明

随着《中华人民共和国政府信息公开条例》的正式施行和互联网的普及发展，行政机关和城市公共服务行业应当主动公开信息，包括"涉及公民、法人或者其他组织切身利益的"、"需要社会公众广泛知晓或者参与的"，以及"其他依照法律、法规和国家有关规定应当主动公开的"。《条例》从法理和机制的层面，保障公民依法获取政府信息，实现公众对政府工作的知情权、参与权和监督权。关系国计民生的城市供水必须"开口说话"，发生危情不能封堵、遮掩、阻止甚至对抗媒体。否则会给城市供水带来障碍。

3. 社会舆论处于异常活跃期

新媒体的快速发展，特别是平面、电子、网络媒体的份额竞争，使媒体不仅在数量上几十倍的增长，而且功能回归，除各级党报外，市场化媒体更强调监视环境，扩大影响力、亲和力。广大民众更相信媒体监督的力量，这反映了社会需求，往往一个新闻热线电话就能解决问题，比找法院、找消协还方便。同时，各种媒体的商业化趋势必然会给舆论场推波助澜。供水企业作为人们生活息息相关的公用行业，自然成了各媒体关注的焦点。

4. 城市供水舆情事件特点突出

（1）城市供水突发事件往往是在人们毫无察觉的情况下发生的，不以人们意志为转移，令人措手不及。像工程伤亡事故、水污染事件，在没有彻底弄清和解决之前会一直受到社会的高度关注。

（2）突发事件的发生可能给社会带来相当程度的影响，处理不当，将直接危及社会稳定工作。特别是由于主导信息不足、滞后，小道消息有了传播空间，往往谣言四起，满城风雨。像水质中的变色、变味问题。

（3）突发事件会激起媒体和公众对政府强大的信息需求，要求政府充分提供关于突发公共事件完整、真实的信息。是否有效地提供信息，常常会成为人们评判政府能力的一种依据。比如停水或抢修、施工时停水。

（4）由于媒体热衷于独家报道或炒作具有故事情节的社会新闻，突发公共事件往往会成为媒体报道的热点。如果信息主渠道不畅通，记者就会接触不同的信息，使片面的、恶意的报料见诸报端，会对政府或企业形象造成伤害。在城市供水中，调换水表、调整水价、旺季供水时常遇到这种来自媒体的质疑。针对以上特点，应树立阳光的供水形象，无论是正面报道还是负面反响，都需要有一个应急制度，新闻代言人制度，是一个较好方式。

第三节　城市供水网络舆情产生的原因

城市供水具有基础性、先导性和公益性的特点，是城市经济发展和社会稳定的重要支撑和保障。因此，供水企业必须站在政治的、全局的、战略的高度，充分认识加强城市供水舆论宣传工作的重要性和紧迫性。

1. 水为生活必需资源

水，作为商品，具有不可替代性，需求弹性小，为人们生活的必需资源，涉及各行各业，千家万户。水是生命的源泉，是人类赖以生存和发展不可缺少的最重要物质资源之一。人的生命一刻也离不开水，人体内的水分，大约占到体重的65%。因此，水对人的生命是最重要的物质，一切生命活动都起源于水。水的种类越来越多如太空水、纯净水、蒸馏水等，致使人们对饮用什么水才卫生、健康感到无所适从，水在人们生活中所占的位置越来越重要。所以，在日益发展、富裕、追求健康的居民中，对水的质量普遍有了更高的要求，而政府也把"关注民生，从水开始"作为重要的服务理念。

2. 水污染在无情蔓延

近些年松花江水源污染、赤峰自来水污染、太湖蓝藻污染让人们触目惊心。在国内，一些化工厂、镀锌厂、水泥厂、漂染厂、造纸厂等污染企业造成了河网污染。国内大多数城市属于水资源紧缺型城市，人均水资源量不到全国人均的50%。因此，人们对水的关注度越来越高，对水环境的治理的期望值也越来越大。

3. 城乡供水发展迅速

有些经济发达地区的农村有乡镇和村级水厂。在中心城区，近几年为了确保优质供水，更是投入了大量资金兴建引水、制水、供水工程。而它的公益性、自然垄断性和不可替代性容易让人们产生错觉和误解。这点在重大供水工程建设前期政策处理上表现得举步维艰。目前，有的城市供水工程的前期赔偿处理费是非常高昂的，从而增加了项目建设费用。

4. 水价调整引起关注

供水正在由福利性供水转化为商业性供水。既然是商业行为，就必然要盈利，尤其是特许经营制度，应政企分开，使供水企业成为真正意义上的企业。近年来，全国各地纷纷上调水价。水价改革，从未像今天这样牵动百姓神经。特别是近几年，部分城市居民生活用水价格将进行调整。尽管经测算每户每月只直接增支几元，价格调整不会对居民生活产生较大的影响，但仍有些群众向政府和供水企业发难。然而，因为水资源的日益紧缺，按照水务改革和价格规律，自来水由"福利水"变成"商品水"、水价上涨已是"大势所趋"。

第四节 城市供水网络舆情处置的途径

网络舆情预警和应对就是从危机事件的征兆出现到危机造成可感知的损失这段时间内，对网络舆情尤其是负面舆情应及时妥善控制，从而达到有效化解网络舆论危机的目的。并应制定应急预案、加强监测力度、密切关注事态发展、建立并完善公共危机的信息通报机制、建立和完善新闻发言人制度，规范、及时地进行信息披露，最大限度地满足民众的知情权。同时部门联动、分工协作，共同营造文明健康的网络舆论氛围，以建立组织保障机制、建立技术保障机制、建立日常工作机制，网络信息发布、网络舆情引导。

1. 发现舆情

企业中除了宣传员和分管宣传的领导外，还应该设置网络监测员和网络评论员负责网络舆情的监测及处置，即舆情管理员。舆情信息管理必须培养和利用好这支队伍。发现舆情后，要求先报告分管宣传或部门单位的主要领导，领导根据情况安排上报上级单位或主要领导。如果是严重的群体性事件等重大事件引发的负面舆情，还必须同时报告政府相关职能部门，以便多部门协同及时采取措施，维护社会稳定并防止事态扩大升级。重大的负面舆情信息还必须形成舆情专报，让政府领导及时了解掌握最新舆论动态。

2. 实地调查

在上报舆情的同时，各相关部门必须同时组织调查并核实事实真相，第一时间掌握事态发展情况。如果是影响较大的负面舆情，可能还需要成立由相关部门、人员组成的调查组，在最短时间内掌握事情的前因后果和最新发展动态，并形成文字材料，为下一步的分析研判、撰写新闻通稿等一系列工作奠定基础。在处置可能引起重大网络舆情的事件时，不仅要组织相关部门人员及专家参与调查，还可以邀请网民全程参与，提高事件调查的可信度与透明度，有了这样诚恳的态度，取得网民的理解和支持也会更容易。

3. 分析研判

简单说就是对舆情最新动向和发展趋势进行分析研究与判断，比如说这个负面舆情对我们有什么影响，是否会在网上被"热炒"，下一步采取什么措施才可能把不利影响降到最低等等。在此基础上，还必须口头或书面提出应对网络舆情的初步方案，以供领导决策参考。对于可能造成重大影响的网络舆情，还要适时启动应急预案。

4. 组织回应

组织回应的最好方法，就是拟定新闻通稿。新闻通稿是为了在发布信息或者媒体采访时能提供给记者所需要的文字材料。最常见的新闻通稿结构可以采取典型的"三段式"：即第一部分简单陈述事实真相；第二部分陈述我们采取了什么有效措施（消除不利影响）；第三部分陈述事态最新进展。如果还没采取措施解决问题，也可以省略第二部分；如果已经采取了措施，则要把采取的措施和取得的效果作为一个重点内容。

新闻通稿必须抓住网民最关心、最想了解的事实真相，而淡化其他方面，甚至可以避而不提。通稿的撰写和拟定要求目的明确，言简意赅，尽量避免长篇大论。俗话说"言多必失"，有时说多了不仅解决不了问题，可能还会由此引发更多的问题。另外，掌握了多少真实情况就说多少，拿不准的、不确定的不能乱说。有专家建议用"挤牙膏"的方式，等事情有了新的进展再发布或提供新的信息，不要一次就把所有的东西如"竹筒倒豆子"般全盘托出。

除了新闻通稿，还可以建立新闻发言人制度，指定新闻发言人，由新闻发言人或授权的组织发布信息，接受媒体采访。其他不熟悉情况或者未得到授权的组织或个人可以不予接受采访和提供情况，把发言权"推给"新闻发言人或授权组织。除了让新闻发言人接受采访答记者问外，还可以举办记者招待会或新闻发布会，变被动接受采访为"主动说"。同时，整个信息发布和舆情引导要体现速度、力度和温度，严格依法依规办事。

5. 总结提高

网络舆情应对处置必须有始有终，总结上报是舆情应对处置的一个必要的"收尾"工作，就是在前面几个阶段的工作完成后，及时总结成功经验，找出问题和不足，制定解决问题的方案和弥补不足的措施，以期今后能做得更好，这也是自我完善和提高的一个必要手段。同时要注意收集整理痕迹材料，上报给上级相关职能部门，以备今后查阅和相互交流学习。经过这些程序和环节，网络舆情处置才算暂告一段落。

第五节 城市供水网络舆情应对的策略

1. 早发正面新闻

在城市供水最初出现负面事件时，消息会以裂变方式高速传播。突发事件发生后，能否首先控制住事态，使其不扩大、不升级、不蔓延，是处理突发事件的关键。因此，城市供水部门应建立新闻发布机制和组织指挥体系，抢占话语权，赢得主动权并注意做好以下几点：

1）切实在思想上高度重视突发公共事件的新闻报道，从维护社会稳定的大局出发，以对人民高度负责的态度，认真对待突发公共事件的新闻报道工作；

2）彻底转变对突发事件多报不如少报、少报不如不报的错误观念，树立及时报道、引导舆论的意识；

3）不断提高新闻处理水平，认真研究新闻处理技巧和艺术。如需停水进行城区管网割接时，应在事前通过媒体做好宣传解释，在电视上连续滚动播出公告，在相关社区张贴通知，备足送水车。在抢修主管道时，可利用电视跟踪播出抢修现场情景，平抚、疏解公众情绪。

2. 统一宣传口径

突发事件处置中如果各部门独自发声，往往会互相矛盾，造成恐慌、困惑，甚至引发新的危情。因此，城市供水部门决策者应统一观点，保证对外口径一致。在此基础上拟定统一的表态口径，提供真实可信的信息。此外，准备的新闻发布材料应重点突出，简明清晰，语句简短精练，好记好用。在对外宣传中，坚持按照领导意图主动出击。危情事件发生后，宣传干部必到现场，抢先弄清、抢先写稿、抢先核实，抢先给媒体发通稿，在遇到突发事件的媒体宣传中取得主动。

3. 实行集体采访

确定新闻发言人统一发布信息，这是为了保证消息的出口只有一个，这样才能以我为主，争取主动。突发事件发生后，如在短时间很难搞清来龙去脉，可根据事件进展不断发布信息或集中召开新闻发布会。比如在水价调整时，城市供水部门应制订详细的内外宣传计划，召开新闻通报会，组织市民参观水库水厂、举行市民代表座谈会，进社区宣传咨询。除在调价前利用当地报纸进行系统宣传外，还可针对听证会和公布调价信息后出现的热议，有礼有节地利用媒体进行引导。同时，长期营造的媒体拟态环境、与媒体良好的互动关系以及企业自身主动出击的宣传意识，也是水价改革有序推进的基础。

4. 注重舆情控制

城市供水部门应建立互联网信息安全管理机制，把内部舆论引导和借助外力加强舆论监管相结合起来。一方面努力掌握网络传播规律，准确把握网民群体的心理特点和接受习惯，运用网民网语发帖、跟帖，用正面声音挤压有害信息的传播空间，遏制网上炒作行为。一方面依靠相关部门加强论坛类栏目的管理，及时删除各种歪曲事实、煽动激化矛盾的有害信息。比如在城市水价调价信息公布后网上论坛一片哗然，供水部门可策划组织当地媒体到供水企业直播有关城市长距离引水、关注民生优化供水服务、居民喝上优质水库水的访谈。接着举行针对城市水价调整的答记者问，并根据网上论坛的一些模糊观点，发表系列报道，在论坛上进行针对性、智慧性的正面引导。

5. 加强自身建设

城市供水公益性、生产性、服务性的特点，决定了其必须有强有力的舆论宣传工作来支持和保障。要真正实施好城市供水舆情引导策略，关键在于人。城市供水部门应该做到以下几点：

（1）提高认识

城市供水部门领导应提高对新闻宣传工作的认识，进一步增强责任感和紧迫感，切实把新闻宣传工作摆到重要位置，抓紧抓好，健全制度。城市供水部门应加强制度建设，建立健全信息发布制度、新闻发言人制度、突发事件媒体应对机制、新闻宣传管理制度等，使新闻宣传工作制度化、规范化。同时应加强公关运作，城市供水部门与各新闻媒体单位应建立良好的合作关系，并及时主动引导社会舆论，牢牢把握舆论的主导权。

（2）宣传典型

城市供水部门应加大重大典型宣传力度，重视培养、总结、宣传典型，以典型推动城市供水各项工作，用强有力的正面、典型宣传，引领公众对供水企业的客观公正态度的思绪，树立整个行业的形象和社会影响力。

（3）关注网络

城市供水部门要重视网络媒体宣传，在做好社会网络舆论引导基础上，加快企业信息网络化建设的步伐，加大企业内外网络宣传管理力度，引进和培养一批掌握新闻业务和网络传播技术的复合型人才，把城市供水企业的网络建成传播先进文化的阵地，宣传企业的平台，为企业改革发展和稳定营造良好的内部和外部舆论环境。

思 考 题

1. 网络舆情的概念是什么？
2. 网络舆情有哪些重要意义？
3. 简述城市供水舆情事件的特点。

4. 舆情管理员在发现舆情后该如何处理?

5. 最常见的新闻通稿结构是什么?

6. 简述城市供水网络舆情应对的策略。

7. 供水部门在发布正面新闻时要注意做到哪几点?

参 考 书 目

[1] 严熙世等. 给水工程（第四版）[M]：北京：中国建筑工业出版社，1999.

[2] 陈卫，张金松. 城市水系统运营与管理 [M]. 北京：中国建筑工业出版社，2005.

[3] 王增长. 建筑给水排水工程（第六版）[M]. 北京：中国建筑工业出版社，2010.

[4] 董健全，丁宝康，施伯乐. 数据库实用教程（第3版）[M]. 北京：清华大学出版社，2007.

[5] 汤小丹，梁红兵，哲凤屏，汤子瀛. 计算机操作系统（第4版）[M]. 西安：西安电子科技大学出版社，2014.

[6] 谢希仁. 计算机网络 [M]. 北京：电子工业出版社，2013.

[7] 中国建筑学会建筑给水排水研究分会. 二次供水工程设计手册 [M]. 北京：中国建筑工业出版社，2018.

[8] 叶立军. 关于自来水管网的检漏技术的分析 [J]. 科技创新与应用，2015（20）.

[9] 王继华，彭振斌，关镶锋. 供水管网检漏技术现状及发展趋势 [J]. 桂林工学院学报，2004（04）.

[10] 廖建松. 水表自转成因分析及解决办法 [J]. 给水排水，2009（03）.

[11] 郭继征. 生活饮用水中常见水质问题简析 [J]. 科技视界，2015（28）：298-299.